西安航空职业技术学院中国特色高水平高职学校和专业建设计划系列丛书

西安航空职业技术学院高水平高职学校建设案例集
（第二卷）

丛书主编：周　岩　　张敏华

丛书编委：杨建勋　王宏斌　郭红星　邓志博　侯晓方
　　　　　刘增铁　陈　荷　王　颇　龚小涛　张　俊
　　　　　王宏军　张　超　叶　婷　王　波　史小英
　　　　　韩银锋　李永锋　刘志武　高北雄

本书主编：侯晓方
副 主 编：龚小涛　秦伟艳　张　超　叶　婷　马　晶　杨　甜
　　　　　吴　冬　边娟鸽　姚　瑞　王　宁　王朋飞

北京理工大学出版社
BEIJING INSTITUTE OF TECHNOLOGY PRESS

版权专有　侵权必究

图书在版编目（CIP）数据

西安航空职业技术学院高水平高职学校建设案例集.
第二卷／侯晓方主编. －－北京：北京理工大学出版社，
2023.12
ISBN 978－7－5763－3341－1

Ⅰ.①西… Ⅱ.①侯… Ⅲ.①高等职业教育－学校管理－案例－汇编－西安 Ⅳ.①G718.5

中国国家版本馆CIP数据核字（2024）第001785号

责任编辑：徐艳君	**文案编辑**：徐艳君
责任校对：周瑞红	**责任印制**：李志强

出版发行　／　北京理工大学出版社有限责任公司
社　　址　／　北京市丰台区四合庄路6号
邮　　编　／　100070
电　　话　／　（010）68914026（教材售后服务热线）
　　　　　　　（010）63726648（课件资源服务热线）
网　　址　／　http://www.bitpress.com.cn

版 印 次　／　2023年12月第1版第1次印刷
印　　刷　／　北京虎彩文化传播有限公司
开　　本　／　787 mm×1092 mm　1/16
印　　张　／　13.5
字　　数　／　246千字
定　　价　／　98.00元

图书出现印装质量问题，请拨打售后服务热线，负责调换

前　言

2019年，教育部、财政部发布《关于实施中国特色高水平高职学校和专业建设计划的意见》（简称"双高计划"），指出要集中力量建设50所左右高水平高职学校和150个左右高水平专业群，重点打造技术技能人才培养高地和技术技能创新服务平台。通过建设，列入计划的高职学校和专业群办学水平、服务能力、国际影响显著提升，为职业教育改革发展和培养千万计的高素质技术技能人才发挥示范引领作用，使职业教育成为支撑国家战略和地方经济社会发展的重要力量，形成一批有效支撑职业教育高质量发展的政策、制度、标准。

西安航空职业技术学院作为国家"双高计划"航空类唯一一所高水平学校建设单位，坚持立德树人根本任务，以办学水平整体提升的"高原"建设和国家级标志性成果的"高峰"建设为主线，聚焦"人才培养、社会服务"两大核心任务，为区域经济发展和航空产业转型升级提供了重要的人才和技能支撑，形成了航空职业教育"西航品牌"。《西安航空职业技术学院高水平高职学校建设案例集》是在源于建设方案和任务书，忠于建设方案和任务书，同时又高于建设方案和任务书的前提下，围绕"双高计划"十大改革发展任务，结合"双高计划"建设政策要求和学校实践，总结提炼出的一本展示西航"双高计划"建设最佳实践的案例集。

本书总共分为"强化党建引领　聚力学校发展""深化教学改革　提高育人水平""优化师资结构　夯实人才基石""拓宽交流渠道　助力多元发展"四个部分，案例内容涵盖党的建设、立德树人、高水平专业群、课程教法改革、双师队伍建设、校企合作、服务发展、内部治理、国际交流等方面。案例集较为全面地呈现了学校在引领职业教育发展、支撑航空强国战略、服务区域经济发展等方面形成的一系列改革范式，对形成中国特色职业教育发展模式奠定了研究基础。

编　者

目 录

西安航空职业技术学院"双高计划"中期自评报告　　　　　　　　　　　1

第一部分　强化党建引领　聚力学校发展

案例1　党建"双创"强基铸魂　引领学校事业发展追赶超越　　　　29

案例2　西安航空职业技术学院"1156"内部质量保障体系　　　　　35

案例3　一体三维三化　打造职业教育信息化标杆学校　　　　　　　42

案例4　航空特色引领发展　打造国内领先高水平专业群　　　　　　48

案例5　筑"高原"攀"高峰"打造航空杰出技术技能人才培养高地　55

案例6　特色引领　集群发展　五方共育航空工匠　　　　　　　　　61

案例7　凸显航空文化引领　打造"15463"文化育人模式　　　　　64

案例8　小社区大阵地　打造学生多维成长新空间　　　　　　　　　68

第二部分　深化教学改革　提高育人水平

案例1　能学辅教　能育能培　　　　　　　　　　　　　　　　　　75

案例2　深化联教联训育人机制　吹响士官课程革命号角　　　　　　83

案例3　工学交替　双元育人　现代学徒制人才培养新范式　　　　　91

案例4　课岗对接　顶层设计　打造资源建设样板　　　　　　　　　97

案例5　岗位引领　分层递进　双线评价　　　　　　　　　　　　104

案例6	遵循新规流程　对接规范标准　建设民用航空器维修培训基地	110
案例7	技教融合，项目引领：基于现代学徒制的航测专业人才培养模式创新与实践	117
案例8	技能引领　创新实践课程体系	123
案例9	探索育人新模式　助力成长促发展	128

第三部分　优化师资结构　夯实人才基石

案例1	实施"四心"工程　打造高水平师资队伍	137
案例2	明确理念　协同创新　制度保障　打造航空特色国家级教师教学创新团队	144
案例3	三层并进　五维协同　锻造高职教师卓越教学能力	149
案例4	一目标　两保障　"三三"建设求实效	155
案例5	锚定目标　分类培养　机制保障　打造高水平结构化教师团队	161

第四部分　拓宽交流渠道　助力多元发展

案例1	以科技创新赋能　推进"双高校"高质量建设	167
案例2	西航搭台　产教融合　多主体"共建共管共享"产业学院	172
案例3	建机制　拓渠道　强管理　打造西航社会服务品牌	180
案例4	航空为本　中文搭桥　借船出海　内外兼修　谱写后疫情时代航空特色国际合作交流新篇章	187
案例5	瞄准高端　产学研用　团队引领	191
案例6	精准对接产业需求　提升服务培训水平	197
案例7	培育双语英才　增强国际交流　助力专业群"双高计划"建设	201
案例8	产教融合建平台　育人基地新维度	205

西安航空职业技术学院"双高计划"中期自评报告

为贯彻落实《关于实施中国特色高水平高职学校和专业建设计划的意见》精神及《中国特色高水平高职学校和专业建设计划绩效管理暂行办法》要求,根据《关于开展中国特色高水平高职学校和专业建设计划中期绩效评价工作的通知》,学校(高水平高职学校C档)认真对照建设方案和任务书,扎实开展绩效自评工作。建设期以来,全面实现2019—2021年预期建设目标,现将有关情况报告如下。

一、总体实现程度概述

(一)总体目标的实现程度及效果概述

学校"双高计划"建设以习近平新时代中国特色社会主义思想为指导,以"高质量完成任务、兑现承诺"为主线,聚焦"人才培养、社会服务"两大关键任务,打造航空特色品牌。建设期以来,取得省级以上标志性成果1 756项,其中国家级619项(国家专利418项),省级1 033项,其他104项,如表1所示。

表1 2019—2021年省级及以上教育教学标志性成果一览表

类别	成果名称	级别	预期值	完成值	授予部门
综合类	1. 国家优质专科高等职业院校	国家级	—	1个	教育部
	2. 现代学徒制试点单位	国家级	—	1个	教育部
	3. 直招士官试点单位	国家级	—	2个(军种)	教育部、中央军委
	4. 全国高职院校实习管理50强院校	国家级	—	1个	教育部
	5. 全国职业院校校园文化"一校一品"学校	国家级	—	1个	教育部
	6. 全国十佳职院校园媒体	国家级	—	1个	中国青年报等
	7. 陕西省"一流学院"建设单位	省级	—	1个	陕西省教育厅
党建思政	8. 全国党建工作示范高校、标杆院系、样板支部教育创建单位	国家级	1个	4个	教育部
	9. 全国高校思想政治理论课教学展示活动	国家级	—	2个	教育部
	10. 国家级课程思政专项研究课题	国家级	—	1项	教育部
	11. 全国高校思想政治工作精品项目	国家级	—	2项	教育部
	12. "三全育人"课程思政教育资源建设示范院校	国家级	—	1项	—

续表

类别	成果名称	级别	预期值	完成值	授予部门
党建思政	13. 国家课程思政示范课程、教学名师和团队	国家级	—	1个	教育部
	14. 陕西省课程思政示范课程和教党建学团队省级思政	省级	—	1门	陕西省教育厅
	15. 陕西高校先进校级党委省级	省级	—	1个	陕西省教育工委
	16. 陕西省先进基层党组织	省级	—	1个（全省高职院校唯一）	中共陕西省委
	17. 高职院校网络思政工作创新示范案例50强	省级	—	—	中国青年报社
	18. 全省党建工作示范高校	省级	—	—	陕西省教育工委
	19. 陕西省标杆院系、样板支部创建单位	省级	3个	6个	陕西省教育工委
	20. 陕西省课程思政专项研究课题	省级	—	368项	陕西省教育工委
	21. 易班网络思政建设全国推广	省级	—	—	—
人才培养	22. 牵头参与制定国家职业教育教学标准	国家级	2项	34项	教育部等
	23. "十三五"职业教育国家规划教材	国家级	—	3本	教育部
	24. 工信部"十四五"规划教材立项	国家级	—	7本	工信部
	25. 首届全国教材建设奖全国优秀教材	国家级	—	1本	国家教材委员会
	26. 全国职业院校大学生技能大赛	国家级	一等奖4项	36项（一等奖4项）	全国职业院校技能大赛组委会等
	27. 中国国际"互联网+"大学生创新创业大赛	国家级	5项	6项（金奖1项）	教育部等
	28. "挑战杯"中国大学生创业计划竞赛	国家级	—	2项（金奖1项）	团中央等
	29. 国家骨干专业	国家级	—	7个	教育部
	30. 国家级现代学徒制试点专业	国家级	—	2个	教育部
	31. 1+X证书认证站点	国家级	5项	10项	教育部
	32. "黄炎培杯"中华职业教育非遗创新大赛	国家级	—	3项	中华职教社

续表

类别	成果名称	级别	预期值	完成值	授予部门
人才培养	33. 全国高等职业院校"发明杯"大学生创新创业大赛	国家级	—	16项（金奖4项）	中国发明协会等
	34. 全国高职院校"发明杯"专利创新大赛	国家级	—	10项（金奖5项）	中国发明协会
	35. "创客中国"智能融合应用中小企业创新创业大赛	国家级	—	1项	工信部
	36. 中华职业教育创新创业大赛	国家级	—	4项	中华职教社
	37. 职业教育"课堂革命"典型案例	省级	—	3个	中国通信工业协会
	38. 陕西省职业院校技能大赛	省级	—	367项	陕西省教育厅等
	39. 陕西省优秀教材	省级	—	2本	陕西省教育厅
	40. 陕西省教育教学成果奖	省级	—	9项	陕西省政府
	41. 航空行指委教学成果奖	省级	—	8项	全国航空工业职业教学指导委员会
	42. 中国通信工业协会第二届教育教学成果	省级	—	2项	中国通信工业协会
	43. 中国国际"互联网+"大学生创新创业大赛陕西赛区	省级	—	61项	陕西省教育厅
	44. "挑战杯"陕西大学生课外学术科技作品竞赛	省级	—	7项	共青团陕西省委
	45. 省级教学工作诊断与改进工作试点单位	省级	—	—	陕西省教育厅
	46. 专业综合改革试点	省级	—	—	陕西省教育厅
	47. 陕西省高等学校大学生校外创新创业实践教育基地	省级	—	—	陕西省教育厅
	48. 陕西省高等学校创新创业教育改革试点学院（系）	省级	—	—	陕西省教育厅
产教融合	49. 全国示范性职业教育集团（联盟）培育单位	国家级	1个	1个	教育部
	50. 复合材料工程技术协同创新中心	国家级	—	1个	教育部
	51. 无人机应用技术等生产性实训基地	国家级	—	4个	教育部
	52. 协助建成产教融合型企业	省级	2家	4家	陕西省发展改革委员会

续表

类别	成果名称	级别	预期值	完成值	授予部门
产教融合	53. 航空高端陕西省高校工程研究中心	省级	—	1个	陕西省教育厅
	54. 陕西省青年科技创新团队	省级	1个	2个	陕西省教育厅
	55. 陕西省高校科学技术奖	省级	1项	2项	陕西省教育厅
	56. 高水平专业化产教融合实习实训基地	省级	1个	3个	中国通信工业协会
	57. 首批高职院校产教融合100强	省级	—	—	高职院校"双百强"组委会
	58. 大学生创新创业就业服务基地	省级	—	—	高校毕业生就业协会
	59. 大学生实习实践就业服务基地	省级	—	—	高校毕业生就业协会
双师队伍	60. 全国高校黄大年式教师团队	国家级	—	1个	教育部
	61. 国家级职业教育教师教学创新团队	国家级	1个	1个	教育部
	62. 国家"万人计划"教学名师	国家级	1人	1人	中共中央组织部
	63. 航空机电类等"双师型"教师培养培训基地	国家级	2个	2个	教育部
	64. 全国职业院校技能大赛教师教学能力比赛	国家级	2项	5项（一等奖2项）	教育部
	65. 全国行指委副主任、委员	国家级	—	7个	教育部
	66. 高等教育优秀管理者	省级	—	1人	省委组织部等
	67. 航空行指委教学名师	省级	—	3人	全国航空工业职业教学指导委员会
	68. 陕西省教学能力比赛	省级	—	36项	陕西省教育厅
	69. 陕西省高校辅导员素质能力大赛等	省级	—	19项	陕西省教育工委、陕西省教育厅
	70. 陕西省大师工作室	省级	1个	1个	陕西省人社厅

续表

类别	成果名称	级别	预期值	完成值	授予部门
双师队伍	71. 陕西省师德建设示范团队	省级	—	1个	陕西省教育厅
	72. 陕西省师德标兵	省级	1人	1人	
	73. 陕西省教学名师	省级	1人	4人	陕西省教育厅
	74. 陕西高校思政课教师大练兵"教学标兵"	省级	—	3人	陕西省教育厅
	75. 陕西高校思政课教师大练兵"教学能手"	省级	—	1人	陕西省教育厅
	76. 陕西省黄炎培职业教育奖杰出校长奖	省级	—	1人	陕西省中华职教社
	77. 陕西省黄炎培职业教育奖杰出教师奖	省级	—	2人	
	78. 陕西省黄炎培职业教育奖杰出贡献奖	省级	—	1人	
	79. 陕西高校青年杰出计划人才支持计划	省级	—	5人（全省第一）	陕西省教育工委
	80. 陕西省"首席技师"	省级	—	1人	陕西省人社厅
社会服务	81. "十三五"规划教育部重点课题等	国家级	—	3项	全国教育科学规划领导小组办公室
	82. 国家专利	国家级	—	418项	国家知识产权局
	83. 民用航空器维修培训基地（CCAR–147）	国家级	—	—	中国民用航空局
	84. 航空工业/中国航发检测及焊接人员资格认证	国家级	—	—	中航工业、中国航发
	85. 服务地方专项课题等	省级	—	70项	陕西省教育厅等
	86. 全国乡村振兴比赛陕西省选拔赛	省级	—	1项	陕西省人社厅
	87. 社会服务产值	—	3 000万元	5 125万元	—
	88. 专利、技术合同转移转化	—	6项	88项	—
	89. 省级职教师资培养培训基地	省级	—	—	陕西省人社厅
	90. 陕西省高技能人才培训基地	省级	—	—	陕西省人社厅、财政厅
	91. 陕西省首批高校农民培训基地	省级	—	—	陕西省人社厅
	92. 陕西省"双百工程"先进单位	省级	—	—	陕西省教育工委

续表

类别	成果名称	级别	预期值	完成值		授予部门
信息化	93. 国家职业教育专业教学资源库	国家级	1个	2个		教育部
	94. 国家职业教育虚拟仿真示范资源/实训基地	国家级	—	4套/1个	增值	教育部
	95. 陕西省职业教育专业教学资源库	省级	2个	3个	—	陕西省教育厅
	96. 省级精品在线开放课程	省级	—	12门	增值	陕西省教育厅
国际化	97. 教育部"人文交流经世项目"首批"经世国际学院"	国家级	—	—	增值	教育部
	98. 教育部中外语言交流合作中心"汉语桥"线上项目	国家级	—	1项	增值	教育部中外人文交流中心
	99. 智能制造领域中外人文交流人才培养基地项目	国家级	—	—	增值	
	100. 美国大学生数学建模竞赛	—		6项	—	美国数学及其应用联合会
	101. 嘉克杯国际焊接大赛焊条电弧焊赛项	—	4项	2项		国际焊接组委会
	102. 中英"一带一路"国际青年创新创业技能大赛	—		4项(金奖2项)		中国职教学会等
	103. 中美青年创客大赛陕西省赛区	省级	—	4项	增值	海南省教育厅
	104. 输出职业教育教学标准	—	1套	3套	—	—
	合计			1 756		

学校高质量时序完成中期建设任务。学校层面,三年任务布点253项,中期任务完成度为98.81%,终期累计完成度为64.82%,绩效指标全部达成中期目标;飞机机电设备维修专业群三年任务布点173项,中期任务完成度为98.84%,终期累计完成度为65.97%;无人机应用技术专业群三年任务布点143项,中期任务完成度为100%,终期累计完成度为

67.81%。自评得分为98.94分，综合评定等级为"优"。

学校持续引领全国航空类职业院校发展。学校以资金配置效益和使用效率为杠杆，推动绩效目标如期高质量完成，引领航空类院校发展。一是样板引领成效初显。学校培养人才获得社会认可，3年来为航空工业输送万余名技术技能人才，C919、ARJ21等"铁鸟"试验台技术人员的30%来自本校；教学改革成效显著，优化8个航空特色专业集群，教学成果奖、技能大赛、教学能力大赛、"互联网+"大赛等标志性成果跃居全国第一方阵。二是首位示范业内认可。近3年主持参与制定各类标准46项，其中领衔制定飞机机电设备维修、无人机应用技术等34项国家职业教育专业教学标准，引领航空职业教育高质量发展。三是标杆先行引领发展。建设期以来，学校在国家级教育教学标志性成果上实现新突破，入选国家级"优质校"、全国现代学徒制试点单位、实习管理50强等，国家"万人计划"教学名师、黄大年式教师团队、教师教学创新团队、课程思政团队等国家级师资队伍建设实现大满贯。

"金平果"中国科教评价2022年数据显示，学校综合竞争力排名第45，较2021年提升10位，较2020年提升35位，彰显学校"双高计划"建设以来的新跨越。

（二）项目经费到位和执行情况概述

学校严格履行承诺、积极筹措资金，足额配齐建设经费，实施项目预算绩效评价与考核机制，确保经费投入和使用安全合规高效，保障"双高计划"建设任务顺利完成。学校中期经费到位和执行情况如表2所示，学校各专项中期资金执行情况如表3所示。

表2 学校中期经费到位和执行情况一览表

经费来源	中期预算/万元 2020年（含2019年）	2021年	中期到位/万元 2020年（含2019年）	2021年	到位率/%	中期实际执行/万元 2020年（含2019年）	2021年	资金使用率/%
中央财政投入资金	2 000	1 000	2 000	1 000	100	2 000	1 000	100
地方各级财政投入资金	2 000	1 000	2 000	1 000	100	2 000	1 000	100
行业企业支持资金	251	1 200	295	1 200	103.03	295	1 200	100
学校自筹资金	11 323	8 600	13 177	8 600	109.31	13 177	8 015.2	97.31
合计	15 574	11 800	17 472	11 800	106.93	17 472	11 215.2	98.00

表3 学校各专项中期资金执行情况一览表

序号	项目名称		总预算/万元	中期执行/万元 2020年(含2019年)	2021年	终期执行率/%
1	打造技术技能人才培养高地		1 550	677	312	63.80
2	打造技术技能创新服务平台		2 410	1 875	286	89.65
3	打造高水平专业群	飞机机电设备维修专业群	9 800	1 788	4 174	60.83
4		无人机应用技术专业群	7 970	1 803	3 019	60.50
5	打造高水平双师队伍		1 440	768	221	68.65
6	提升校企合作水平		4 180	3 635	190	91.52
7	提升服务发展水平		3 340	1 229	637	55.89
8	提升学校治理水平		150	40	39	52.67
9	提升信息化水平		4 710	2 015	525	53.94
10	提升国际化水平		360	65	63	35.64
11	打造军民融合"标杆校"		7 090	3 576	1 749	75.12

注：加强党的建设的任务经费纳入其他专项，如干部培训费纳入打造高水平双师队伍，党员培训等费用纳入打造技术技能人才培养高地。

二、学校层面任务及绩效指标完成情况

坚持落实立德树人根本任务，坚持"整体规划、系统推进、聚焦重点、创新发展"的原则，学校时序推进11项任务和特色建设项目，2019—2021年11项任务绩效指标中期进度如表4所示。

表4 2019—2021年11项任务绩效指标中期进度

序号	项目名称	任务类型		中期预期值/项	中期完成数/项	中期目标完成率/%	终期累计完成度/%
1	加强党的建设	建设任务		30	30	100.00	—
2	打造技术技能人才培养高地	建设任务		25	25	100.00	74.42
		绩效指标	数量指标	4	4	131.67	
			质量指标	3	3	112.18	
3	打造技术技能创新服务平台	建设任务		20	20	100.00	68.11
		绩效指标	数量指标	6	6	126.96	
			质量指标	4	4	100.00	

续表

序号	项目名称	任务类型		中期预期值/项	中期完成数/项	中期目标完成率/%	终期累计完成度/%
4	打造高水平专业群	建设任务		21	21	100.00	66.17
		绩效指标	数量指标	3	3	103.70	
			质量指标	3	3	100.00	
5	打造高水平双师队伍	建设任务		31	30	97.00	64.35
		绩效指标	数量指标	7	6	95.24	
			质量指标	4	4	111.06	
6	提升校企合作水平	建设任务		15	15	100.00	60.28
		绩效指标	数量指标	11	11	116.79	
			质量指标	3	3	100.00	
7	提升服务发展水平	建设任务		18	18	100.00	64.21
		绩效指标	数量指标	4	4	122.96	
			质量指标	3	3	126.53	
8	提升学校治理水平	建设任务		25	25	100.00	60.83
		绩效指标	数量指标	3	3	100.00	
			质量指标	3	3	100.00	
9	提升信息化水平	建设任务		15	15	100.00	69.29
		绩效指标	数量指标	3	3	122.22	
			质量指标	4	4	100.00	
10	提升国际化水平	建设任务		30	28	93.00	57.90
		绩效指标	数量指标	11	9	105.17	
			质量指标	3	3	100.00	
11	打造军民融合"标杆校"	建设任务		21	21	100.00	75.61
		绩效指标	数量指标	4	4	117.45	
			质量指标	1	1	109.56	

注：中期目标完成率即"双高计划"监测平台各专项数量指标、质量指标的完成度；中期目标完成率数值根据各专项中期目标完成度计算。

（一）产出情况

1. 任务一：思想引领强基铸魂，加强党的建设

学校坚持将党建工作贯穿"双高计划"的全过程，形成具有航空特色的"11224"西

航党建工作模式，以高质量党建引领学校高质量发展。获批党建"双创"全国样板支部4个（全国第三），省级党建工作示范高校、标杆院系、样板支部5个。连续3年获省属高校领导班子考核"优秀"等次，荣获"陕西高校先进校级党委"称号，党委书记抓党建述职连续3年被评为"好"，入选全国职业院校校园文化"一校一品"学校，荣获"陕西省先进基层党组织"荣誉称号（全省高职院校唯一）。党建工作经验被陕西省委教育工作领导小组简报《陕西教育工作情况》刊载，并在全省高校党建工作会议上进行经验交流（全省高职院校唯一）。

2. 任务二：立德树人质量为本，打造技术技能人才培养高地

学校坚持立德树人的根本任务，实施"航空职业素养提升计划""航空杰出技术人才培养计划"等，构建"35231"教育教学管理体系，筑牢人才培养"高原"，勇攀质量提升"高峰"。牵头或参与制定《飞机机电设备维修专业实训教学条件建设标准》等国家教学标准46项，其中国家专业教学标准34项、"1+X"证书标准12项；"互联网+"大赛、"挑战杯"竞赛、全国职业院校技能大赛等国家级奖项45项、省级奖项428项。

3. 任务三：产教融合提质转型，打造技术技能创新服务平台

深度参与陕西秦创原创新驱动平台建设，完善科技成果转化体系，打造集人才培养、技术服务、产教融合于一体的技术技能创新服务平台。获批国家自然科学基金依托单位（陕西2所）、航空高端制造陕西省高校工程研究中心（陕西首批）、陕西省科技创新团队2个（陕西高职院校第一）；获陕西省高校科学技术奖、人文社科奖3项，专利418项，科技成果转移转化25项，纵向课题立项233项，国家级、省级、厅级课题96项；培育孵化3家科技企业，横向课题到款额增长22倍，科技成果转移转化与推广7项。

4. 任务四：航空特色引领发展，打造世界领先高水平专业群

坚持航空特色，面向航空维修、航空制（智）造、航空运输与服务三大职业岗位群，构建"双核引领、四群协同、两基支撑"的专业集群发展格局。获全国高校优秀思政课教师三等奖1项，陕西高校思政课教师大练兵活动"教学标兵"3人、"教学能手"1人；获省级教学成果奖9项，全国行指委教学成果奖10项；获国家优秀教材二等奖1项，"十三五"国家规划教材3本，省级优秀教材2本。

5. 任务五：高端集聚引智精育，打造高水平双师队伍

坚持人才强校战略，实施"初心强基、靶心瞄准、匠心提升、恒心改革"的"四心"工程，系统推进高水平人才队伍建设。制定人事制度19项，引聘人才115名，建立1 108名兼职教师库，建成国家级"双师型"教师培养培训基地2个；全国高校黄大年式教师团

队、教师教学创新团队、课程思政示范课程教学团队等国家级教师团队实现大满贯；获批国家"万人计划"教学名师1人，省级师德建设示范团队1个，省级教学名师、教书育人楷模等7人，首届航空职业教育教学名师3人，入选陕西高校青年杰出人才支持计划5人（陕西第一），省市级"首席技师""三秦工匠"等6人。

6. 任务六：名企引领深度融合，提升校企合作水平

坚持"三融战略"，形成"四层次三融合"的校企合作管理模式，吸引企业以资本、技术、管理等要素深度参与学校育人，形成校企命运共同体。制定学校《产业学院管理办法》等制度9项，入选国家示范性职教集团（联盟）培育单位，获批国家级生产性实训基地4个、国家级协同创新中心1个、高水平专业化产教融合实训基地3个、高素质技术技能人才培养基地3个；协助建设产教融合型企业4个，校企共建产业学院5个，技改服务75项，向航空企业输送技术技能人才10 000余名。

7. 任务七：拓宽面向加强供给，提升服务发展水平

依托中国航发检测及焊接人员资格认证管理中心、CCAR-147民用航空器维修培训机构等22个平台，开展多层次、全方位的技术技能培训399项。开展退役军人、农民工等专项培训135项，培训24.03万人·日；以航空科技馆、航模社等为载体开展航空文化育人，服务线上线下看航空23.82万人次；与延安大学共建红色研修基地，获批"陕西省科普教育基地""西安市爱国主义教育基地"等。

8. 任务八：优化结构创新机制，提升学校治理水平

以"一章八制"为统领，坚持党委领导下的校长负责制。围绕"双高计划"目标，构建"立、改、废、释"机制，制（修）订154项制度。发挥理事会、董事会的作用，推动政军行企校多元协同育人。以群建院、以群强院，精准对接国家战略需求和区域产业布局，形成"169"教学组织架构。坚持绩效目标导向，深层次推进两级治理改革，明确二级学院人才培养和社会服务主体责任；优绩优酬，形成"双高计划"的"项目绩效—质量工程—揭榜挂帅—评优评先"绩效奖励体系。

9. 任务九：两化融合泛在学习，提升信息化水平

集成教务、人事、科研、学生实习等管理系统，构建大数据中心，推进数据标准化、决策科学化、管理精准化。主持国家专业教学资源库2项、国家职业教育虚拟仿真示范实训基地1项、国家级虚拟仿真教学资源建设项目4项。获教师教学能力大赛国家级奖项5项（其中一等奖2项），省级奖项36项，省级精品在线开放课程12门。依托智慧职教、超星尔雅等平台，打造学生自主、个性、泛在的学习模式。

10. 任务十：融通中外开放办学，提升国际化水平

服务"一带一路"倡议，援建老挝巴巴萨航空学院，输出无人机等专业建设方案。携

手大疆创新公司等，将主流技术、产品资源转化为培训项目，服务海外中资企业技术培训486人；踏上"汉语桥"，开发"中文+焊接"课程包，开展职业素养提升与文化交流活动。校际共培养泰国、印尼等外籍留学生38人；受中航工业西飞公司委托，为安哥拉共和国开展空中乘务员技能提升培训6人；为马里共和国开展职业教师教学技能培训20人。与乌克兰国立航空大学定期开展交流机制，提升教师的国际化视野。

11. 任务十一：政军企校聚力发力，打造军民融合"标杆校"

集合优势航空教学资源，构建联培联训"三元三段三融"定向军士（原士官）培养模式。三年为部队输送1 077名优秀军士，入伍率达98.56%。推广省级重点攻关课题"'军民融合'背景下定向士官人才培养模式的研究与实践"的成果，深化人才培养模式，先后荣获陕西省教育教学成果特等奖1项、一等奖1项，航空行指委教学成果奖1项。央广网等多家知名媒体专题报道，军士品牌效应凸显。

（二）贡献度情况

1. 引领职业教育改革和人才培养

一是形成航空特色专业集群发展的模式创新。紧密对接高端产业和产业高端，专业设置与区域重点产业匹配度超过92%，与航空龙头企业共建专业比例达40%，形成国家级—省级—校级梯式专业集群发展格局。2个专业群入选国家级高水平专业群，7个专业入选国家级骨干专业。

二是形成立德树人课程思政建设的典型示范。推进思专融合，获批省级课程思政课题368项，编制形成《飞机机电设备维修专业群课程思政集》等系列化课程思政案例集9本、案例554个。获国家级、省级课程思政示范课程，课程思政教学名师和团队各1项，全国高校思想政治理论课教学展示活动一、二等奖各1项。

三是形成课堂教学人才培养体系的范式引领。推进课堂教学与企业技术服务的有机融合，形成航空维修类专业"标准融通、军民两用"人才培养体系、航测类专业"项目引领、技教融合"人才培养模式、"一体三维三进阶"双创教育模式等50个"西航特色"的人才培养模式，先后获全国航空工业职业教育教学成果特等奖等，为航空职教改革发展提供范式引领。

2. 支撑国家战略和地方经济发展

一是传承军工基因，军士培养树标杆。3年来，为解放军五大战区输送定向军士（原士官）1 077人，刘巍卓、辛子豪等一批西航军士执行国庆阅兵等重大任务获部队好评。开发培训课程模块9个，为陆军、海军现役军官、5 706等军工企业员工、退役军人等开展技能培训43项、8 057人·日。

二是精准技术培训，乡村振兴立榜样。为潼关县、西乡县等开展电子商务、农业种植技术等14个专项培训，受益群众达1 482人次，为新农村建设提供多种形式的资源供给，获批"双百工程"先进单位。

三是助力产业升级，技术服务担使命。聚合"飞机城"中小微企业人员、技术、设备资源，组建航空超精密零部件精整技术等6个科技创新团队，为鑫创航空公司等企业开展技术改造与革新75项，相关技术转化为教学模块205个，成为区域中小微企业的"技改服务中心"。

四是建成航空科技馆，航空科普展作为。依托学校自建的航空科技馆（西部最大），融入"中国航空城5+N之旅""i航空研学游"，打造"中国航空城"全域旅游文化品牌，入选文化与旅游部"建党百年红色旅游百条精品线路"，成为区域"航空科普中心"，服务线上线下看航空23.82万人次。

3. 推动形成国家层面支撑职业教育高质量发展的政策、制度、标准

一是国家教学标准定规范。发挥头雁引领效应，将学校专业建设经验转化为引领全国专业建设实践。主持或参与制定国家职业教育教学标准34项，"1+X"标准12项，成为全国航空类专业建设的基本规范和遵循。主持完成"空中乘务""飞行器维修技术"国家级资源库，成为该专业"互联网+职业教育"的生动实践，资源覆盖教师用户8 497人、学生用户176 498人、企业用户4 879人、社会学习者6 360人。

二是国际教学标准拓维度。积极推进教学标准"走出去"，服务"一带一路"倡议。为老挝巴巴萨技术学院、加蓬共和国等输出专业建设方案3套，参与全球首个ISO/TS 44006《校企合作指南》国际标准，为中国职业教育迈向世界舞台贡献"西航智慧"。

（三）社会认可度情况

1. 学生家长满意度高

学生报考率持续上涨，学校成为"航空学子"实现航空报国梦想的"理想地"，得到考生和家长的高度认可，2021年理工科录取分数线较2019年上涨55.6%。2021届毕业生月均收入5 011.19元，高于期望薪资25%（数据来源：第三方新锦成2021年就业质量报告4 000元/月），就业一人致富一家，提高了家庭幸福指数。

2. 教职工满意度高

完善"校本培训、企业锻炼、国内访学、海外研修"的立体多元教师培养体系。创新人才评价机制，实施目标管理与考核，科学评价教师业绩，制定《人才激励管理办法》《科研成果奖励办法》等激励制度，实现一流人才、一流业绩、一流薪酬。教师晋升有通道、发展有途径，收入增幅20%以上，对学校发展前景充满信心。

3. 企业满意度高

为"丝绸之路经济带""航空航天装备制造"等重点建设项目提供坚实的人才和技能支撑，成为中航工业定点招聘学校，中国航发"高素质技术技能人才培养基地"。中国工程物理研究院、中国航天推进技术研究院等优质单位来校招聘人数逐年提升，招聘企业由2019年1 089家增至2021年1 471家，增幅达35.1%。向国企和科研院所输送的毕业生数量增幅高达307%，其中航天九院增幅为292%，中航工业成飞公司增幅为541%。

4. 行业影响力强

"双高计划"建设以来，获国家级标志性成果619项，位居全国航空类院校第一。7人担任全国行指委副主任、委员等，业内话语权显著增强。承办全国职业院校技能大赛软件测试赛项、中英"一带一路"国际青年创新创业技能大赛等国际国内赛项；学校办学成果先后被人民网、教育部官网等媒体报道807次，学校影响力显著提升。

三、专业群层面任务及绩效指标完成情况

（一）飞机机电设备维修专业群

专业群瞄准军航、民航发展前沿，服务国家航空产业和区域经济社会发展，深化产教融合、校企合作，筑牢人才培养"高地"，打造社会服务"标杆"；3年任务完成度为98.84%，终期累计完成度为65.97%。专业群任务完成进度如表5所示。

表5 飞机机电设备维修专业群任务完成进度

序号	项目名称	任务类型		中期预期值	中期完成数	中期目标完成率	终期累计完成度
1	人才培养模式创新	建设任务		12	12	100.00%	58.94%
		绩效指标	数量指标	7	7	113.09%	
			质量指标	2	2	102.10%	
2	课程教学资源建设	建设任务		17	17	100.00%	67.10%
		绩效指标	数量指标	5	5	105.36%	
			质量指标	2	2	128.40%	
3	教材与教法改革	建设任务		16	16	100.00%	90.56%
		绩效指标	数量指标	4	4	117.50%	
			质量指标	2	2	135.00%	

续表

序号	项目名称	任务类型		中期预期值	中期完成数	中期目标完成率	终期累计完成度
4	教师教学创新团队	建设任务		24	24	100.00%	80.78%
		绩效指标	数量指标	12	12	105.95%	
			质量指标	7	7	109.20%	
5	实践教学基地	建设任务		37	37	100.00%	57.89%
		绩效指标	数量指标	21	21	101.32%	
			质量指标	7	7	115.15%	
6	技术技能平台	建设任务		17	16	94.11%	71.87%
		绩效指标	数量指标	15	14	109.77%	
			质量指标	4	4	106.83%	
7	社会服务	建设任务		18	18	100.00%	58.93%
		绩效指标	数量指标	7	7	120.19%	
			质量指标	3	3	108.78%	
8	国际交流与合作	建设任务		21	18	85.71%	56.51%
		绩效指标	数量指标	13	12	100.87%	
			质量指标	4	2	112.50%	
9	可持续发展保障机制	建设任务		10	10	100.00%	—

注：中期目标完成率即"双高计划"监测平台各专项数量指标、质量指标的完成度；中期目标完成率数值根据各专项中期目标完成度计算。

1. 产出情况

（1）模式创新，筑牢人才培养新高地

紧跟航修产业发展，不断深化校企合作内涵，创新航空维修类专业"标准融通、军民两用"的人才培养模式，获省级教学成果特等奖；与中航工业西飞公司等龙头企业在人才培养、技术创新等方面深度合作，成立航空维修产业学院；为5 702工厂、春秋航空公司等企业开设现代学徒制班、校企订单班，培养学生人数580余人，就业率为98%。

（2）课岗对接，建成教学资源新典范

与厦门航空公司等10余个企业合作，以飞机维修过程为主线，典型工作任务和职业能力为核心，校企共建"共享课程+特色课程+拓展课程"的专业群课程体系；将航空维修行业新技术、新工艺、新规范转化为教学内容，主持国家级"飞行器维修技术"专业教学资源库，获评省级精品在线开放课程2门，成为航空维修类专业建设的典范。

（3）技术同步，探索教材教法新模式

紧跟行业技术发展，联合东方航空技术有限公司等10余家企业，校企双元开发新型活页式、工作手册式教材12本，《航空电气设备与维修》获首届全国优秀教材二等奖；发挥国家级专业教学资源库以及虚拟仿真实训基地优势，推进"线上+线下"混合式一体化教学改革，创设"虚拟+现实"交互式学习情境，获教学能力大赛国奖3项、省奖10项。

（4）名师引领，集聚教学团队新优势

依托国家航空产业基地人才集聚优势，选聘中航工业首席技师黄孟虎、飞机维修总师魏严峰等航空顶级大师组建"双师型"教学创新团队，提升教师整体水平。获批全国黄大年式教师团队、首批国家级职业教育教师教学创新团队各1个，培育国家"万人计划"教学名师1人，培养省级教书育人楷模、技能大师6人，专任教师中"双师"比例达90%。

（5）标准先行，打造实践基地新样板

依据航空工业和民航CCAR-66部培训标准，联合海航航空技术有限公司等企业，整合扩建民用航空器维修培训基地（简称147培训基地）。牵头制定国家职业教育实践教学条件建设标准，立项建设国家职业教育示范性虚拟仿真实训基地，建成国家级航空机电类"双师型"教师培养培训基地和省级高技能培训基地；承办全国职业院校技能大赛，获技能大赛一等奖2项，"互联网+"大赛金奖1项，"挑战杯"竞赛金奖1项（陕西唯一）。

（6）校企协同，共铸技术创新新平台

与国家航空产业基地、中航工业等单位合作，打造航空维修与制造创新服务平台，获批陕西省高校工程技术中心和陕西高校青年科技创新团队各1个，为西安久源航空机械科技有限公司等企业解决外开式水密舱门研制等关键技术30余项。承担国家级课题2项，省部级项目10余项；获省级科学技术奖2项，发表核心论文40余篇，授权专利20余项，科技成果转化、推广10项。

（7）科技赋能，打造社会服务新标杆

瞄准"航空装备深度修理""航空装备高端制造"两条主线，依托航空维修与制造创新服务平台资源，服务中小微企业，技术服务产值达2 300余万元；利用国家级"双师型"教师培养培训基地、高水平教学团队等优势资源，为5 706工厂、南京工业职业技术大学等50余家企业和兄弟院校开展员工、师资培训。

(8) 多路并进，拓展国际合作新空间

服务"一带一路"倡议，通过合作办学、专业共建、资源共享、国际大赛等多种方式开展国际合作交流。援建老挝巴巴萨技术学院、巴基斯坦瓜达尔港国际职业学院，承办中英"一带一路"国际青年创新创业技能大赛，引进国际航空维修优质教学资源10套，输出西航标准3项，辐射带动国内外同类专业建设，提升国际知名度和影响力。

(9) 机制创新，启航专业发展新征程

优化组织机构，组建专业群"指导委员会—领导小组—项目建设办公室—分项建设小组"的组织保障机构；构建专业群"整体规划—管理运行—监督检查—绩效考核"的四级管理运行机制；完善专业群绩效、教师目标考核管理等10余项激励办法，推动专业群各项任务高质量地完成。

2. 贡献度情况

(1) 输出"航修方案"，引领航空专业建设

构建西航特色航空维修类专业人才培养模式，为北京电子科技职业学院、无锡职业技术学院等50余所院校输出航修专业建设方案；主持参与国家专业教学标准、实训教学条件建设标准9项；主持国家级"飞行器维修技术"专业教学资源库，为成都航空职业技术学院等30余所院校、5 720工厂等20余家企业提供学习资源，注册人数累计10余万人，引领全国航空维修类专业建设。

(2) 培养"航修人才"，支撑航空行业发展

培养适应企业岗位需求的航空维修类技术技能人才。3年为航空企业输送人才2 000余名，学生到民航维修企业、中航工业及空军装备部等航空企业就业达85%以上，涌现出"成都工匠"王凯等一批行业内较高公认度和起示范引领作用的行业人才，解决诸如飞机机翼制造公差等一批"卡脖子"技术难题。

(3) 贡献"航修智慧"，服务区域经济发展

建成航空维修工程技术中心，为陕西长羽航空装备有限公司等企业开展培训，社会培训到款额530余万元；打造航空维修与制造技术创新与服务平台，为西安航空发动机有限公司解决限制发动机重熔层去除、单晶叶片气膜孔精整、燃油喷嘴内流道精整等关键技术难题，技术服务产值2 300余万元，服务区域经济发展。

3. 社会认可度情况

(1) 初心导航，铺就学生成才路

3年开发航空类优质企业100余家，新建大学生就业与实习基地40余家，专业对口率

85%以上，培养了"全国技术能手"叶牛牛等一批技术技能人才。专业群报考率增长201%，形成"飞机维修找西航"的良好口碑，得到学生家长的高度认可。

（2）精心护航，筑起教师成长梯

打通"新进教师→合格教师→骨干教师→名师专家→领军人才"的教师阶梯成长路径。3年出国培训教师27人，校企共建教师企业实践基地17个，高级职称人数增幅为40%，打造全国高校黄大年式教师团队以及国家级教师教学创新团队。

（3）同心远航，架好校企连心桥

组建航空超精密零部件精整技术创新团队，服务中小微企业新产品研发和技术成果转化，科研服务立项16项。及时将科研成果转化成教学资源，提高学生专业知识和技能水平；与5 702工厂、5 720工厂等组建现代学徒制班，精准输送专业对口人才，打通校企育人"最后一公里"，用人单位满意度达98%，实现校企协同发展，互惠共赢。

（二）无人机应用技术专业群

无人机应用技术专业群全力推进"双高计划"建设，3年任务完成度为100%，终期累计完成度为67.81%。专业群人才培养质量、技术服务水平、社会服务能力等显著提升。专业群任务完成进度如表6所示。

表6 无人机应用技术专业群任务完成进度

序号	项目名称	任务类型		中期预期值	中期完成数	中期目标完成率	终期累计完成度
1	人才培养模式创新	建设任务		20	20	100.00%	62.04%
		绩效指标	数量指标	5	5	124.22%	
			质量指标	2	2	100.00%	
2	课程教学资源建设	建设任务		10	10	100.00%	72.69%
		绩效指标	数量指标	6	6	112.50%	
			质量指标	2	2	115.88%	
3	教材与教法改革	建设任务		12	12	100.00%	61.18%
		绩效指标	数量指标	4	4	116.67%	
			质量指标	2	2	125.00%	
4	教师教学创新团队	建设任务		16	16	100.00%	69.44%
		绩效指标	数量指标	14	14	118.61%	
			质量指标	5	5	115.00%	

续表

序号	项目名称	任务类型		中期预期值	中期完成数	中期目标完成率	终期累计完成度
5	实践教学基地	建设任务		28	28	100.00%	62.28%
		绩效指标	数量指标	2	2	100.00%	
			质量指标	2	2	142.56%	
6	技术技能平台	建设任务		27	27	100.00%	74.05%
		绩效指标	数量指标	20	20	130.22%	
			质量指标	4	4	100.00%	
7	社会服务	建设任务		14	14	100.00%	64.93%
		绩效指标	数量指标	4	4	135.31%	
			质量指标	2	2	100.00%	
8	国际交流与合作	建设任务		8	8	100.00%	55.31%
		绩效指标	数量指标	5	5	116.46%	
			质量指标	3	3	133.33%	
9	可持续发展保障机制	建设任务		9	9	100.00%	—

注：中期目标完成率即"双高计划"监测平台各专项数量指标、质量指标的完成度；中期目标完成率数值根据各专项中期目标完成度计算。

1. 产出情况

（1）多措并举，打造人才培养新路径

落实"三融战略"，构建"集群发展、能力递进、协同创新"的人才培养模式，培养无人机行业急需人才，服务国防建设与区域经济发展。成立南方测绘产业学院，成立协同创新中心1个，技能大师工作室1个；组建现代学徒制班、企业订单班30余个，建立顶岗实习"1+M+N"轮训制度。毕业生就业率达95%，就业竞争力持续提升。

（2）固本强基，筑牢资源建设压舱石

"岗课赛证"综合育人，形成"通用化基础课程+模块化专业课程+平台化拓展课程"的专业群课程架构。牵头建设国家级虚拟仿真专业课程体系及课程资源2个。与大疆创新公司等企业紧密合作，联合开发数字化教学资源课程20门。获批国家级现代学徒制试点专业1个，国家级课程思政示范课程1门，省级课程思政示范课程及精品在线开放课程5门。

(3) 聚焦重点，探索"三教"改革新实践

对接无人机领域相关行业标准，融入新技术、新工艺、新方法，优化教材内容和形式。编写《无人机生产设计与检测维修》等7本信息化教材，其中2本教材入选工信部"十四五"规划教材建设；牵头或参与国家专业教学标准4项，"1+X"证书标准6项。打造"互联网+"、虚拟仿真等智慧课堂。

(4) 内培外引，健全教师团队人才库

实施"名师计划""英才计划"，构建教师职业能力发展体系，提升教学能力与工程实践能力，"双师型"比例达90%。建成国家级航空机电类"双师型"教师培养培训基地1个，获全国教师教学能力比赛一等奖2项、省级奖4项。选聘校外专业群带头人、企业兼职教师83人，全力打造高水平专业教学创新团队。

(5) 对标高端，建设实践教学主阵地

建设无人机飞行试验中心、无人机应用服务中心和通用航空工程技术中心，建成实验实训室15个，涵盖基本技能训练、专业综合训练、生产性实习和实践创新四类功能。建成无人机应用技术实训基地等2个国家级生产性实训基地。

(6) 产教融合，搭建服务平台新高地

依托无人机应用协同创新平台，组建无人机科技创新团队，将行业技术要求规范转化为30余项教学标准。3年完成各类科研项目40余项，横向课题到款额196.71万元，解决企业各类技术难题76项，授权专利23项，成功孵化2个企业，服务企业产值1 400余万元。

(7) 多元并进，提升社会服务新品质

主动对接秦创原民用无人机重点产业链的"链主"企业，为企业员工、退役军人、新型职业农民等群体开展师资培训、技术技能培训和企业定向培训，培训7 107人·日。同时，开展无人机巡检、遥感测绘等19项社会服务。

(8) 拓宽视野，推进国际交流快车道

积极引进优质教育资源，引进塞斯纳172R、罗宾逊R44两架通用航空机型及教学资源，联合行业龙头企业大疆创新公司成立"大疆国际学院"，建设6门双语课程，参与国际标准制定，培养行业国际应用人才。3年来，18名教师参与海外学术交流培训项目，参与国外技术援助、培训346人。

(9) 强化保障，完善保障机制总开关

聘请航空工业第一飞机设计研究院总师陈晓刚等12名行业专家、技能大师，成立

"双高计划"建设专家咨询委员会,对建设项目进行指导、审议与评估;实施项目化管理运行机制,明确项目建设目标、任务和进度,制(修)订《专业群绩效考核管理办法》等10余项制度。

2. 贡献度情况

(1) 创新模式,引领专业建设新动力

创新"集群发展、能力递进、协同创新"的人才培养模式,实现资源共享和专业协同发展。专业群教学团队获教学成果奖5项,建设经验在中国—新西兰高等职业教育研讨会等国际国内会议中交流分享10余次,36所院校到本校交流学习,先后被中国教育电视台、陕西传媒网等媒体报道20余次,引领全国同类专业发展。

(2) 标准引领,支撑企业发展续航力

总结全国首开专业建设经验,牵头或参与制定国家专业教学标准4项,"1+X"证书标准6项,校企共建生产性实训基地,合作开展科研与技术服务,打造集人才培养与技术技能服务于一体的无人机应用协同创新平台。获省高校科技进步奖1项,服务企业产值1 400余万元,为无人机产业和区域经济的发展提供强力支撑。

(3) 提升服务,提升专业品牌影响力

服务乡村振兴,与对口帮扶潼关县共建无人机农业植保基地,开展飞播造林、喷洒农药等无人机作业培训5 000余人次,利用无人机技术,帮助当地政府获取大量农田数据,得到高度认可;与50余家企业深入合作、共育人才,为陕西乃至全国输送无人机应用技术领域高素质技术技能型人才480人,为行业发展提供源源不断的生力军。

3. 社会认可度情况

(1) 家长学生高度认可

第三方数据调查显示,3年来在校生满意度、毕业生满意度、家长满意度均达98%以上。得到学生、家长及社会的高度赞誉,专业报考率持续提升。

(2) 教职员工高度认可

通过深化教师目标责任考核,构建教师成长路径,提升教师待遇等措施,实现教师事业有平台、发展有空间、生活有保障。涌现出"全国航空职业教育教学名师""陕西省教学名师""陕西省优秀共产党员"等一批师德师风高尚、业务能力精湛的优秀教师,教职员工满意度达95%。

(3) 行业企业高度认可

3年就业率均达95%以上,约40%的毕业生就业于中国工程物理研究院、大疆创新公司等行业龙头企业。无人机专业毕业生江厚翔、郭猛刚等众多学子迅速成长为企业骨干力量，用人单位满意度达96%。"金平果"中国科教评价2022年数据显示，无人机应用技术专业水平等级为五星，位居全国第一（共303所学校开设该专业）。

四、实现绩效目标采取的措施

（一）项目推进机制建设与运行情况

充分发挥党委的政治核心作用，顶层设计"双高计划"建设蓝图，建立以"双高计划"建设目标为导向、质量提升为主线的项目推进机制。

1. 强化组织管理

搭建"政军行企校"五方联动平台。聘请航空领域权威专家27人，组建"双高计划"建设咨询委员会，建立"咨询委员会—领导小组—项目办公室—专项建设小组"四级"双高计划"建设组织机构，逐级压实任务。

2. 健全运行机制

学校出台《"双高计划"项目管理办法》等154项制度，实行项目管理、挂牌督战、绩效督查，建立"每月碰头、季度研讨、学期总结、学年研判"的工作机制。

3. 强化绩效考核

推进专项小组自查和项目办督查相结合，实施"揭榜挂帅"方案，着力解决项目推进中的重点、堵点、难点，有24个单位揭榜、806名教师挂帅，形成人人参与、人人出力、人人奉献的良好氛围。

（二）项目资金管理制度与执行情况

1. 资金投入科学

学校成立"双高计划"建设资金专项小组，坚持"中央引导、地方配套、学校主导、社会支持"，多元筹措资金。以全面预算绩效管理为抓手，将绩效理念和方法深度融入预算编制、执行和监督全过程，实行专项负责人制，全面落实"谁使用，谁负责"的要求，形成项目资金管理"一盘棋"。

2. 制度保障有力

为确保"双高计划"建设资金使用合法合规，学校制定《现代职业教育质量提升计划专项资金管理办法》《"双高计划"建设资金管理办法》，明确资金开支范围和标准，规范资金支出审批流程，确保项目资金指向明确、项目建设合理可行。

3. 监督执行有效

完善党委全面监督、纪委专责监督、审计专审监督和财务日常监督的立体监督体系与联动机制，形成监督合力，确保项目资金在"阳光下"运行，资金使用规范、安全、高效。支持审计部门独立行使审计监督职权,全面审计,规范管理。

五、特色经验与做法

(一)体现"特",三项赋能打造校企合作新高地

学校紧密对接航空产业发展,构建"技术+资源+文化"校企共同体。一是技术赋能。聚焦航空技术创新,紧跟航空产业升级步伐,瞄准航空产业高端——航空维修技术,坚持"产教融合、校地融合、军民融合"的"三融战略",以服务军航和民航发展为宗旨,构筑"政军行企校"五方协同新格局。二是资源赋智。通过引名企、聚团队、强平台、创模式、增实力,聚合航空优质资源,重点打造2个航空类国家级专业群,建立紧密对接航空产业集群发展要求的专业集群。三是文化赋魂。推行富有航空文化特色、传承航空报国精神的航空文化育人体系,以文化维度将立德树人系统贯穿于人才培养全过程,以人才培养为核心,以蕴含航空报国使命的"西航精神"为动力,以CIS战略为着力点,以内外两种文化资源为依托,实现了校园文化育人的系统性和有效性。

"双核引领、四群协同、两基支撑"专业集群发展格局如图1所示。

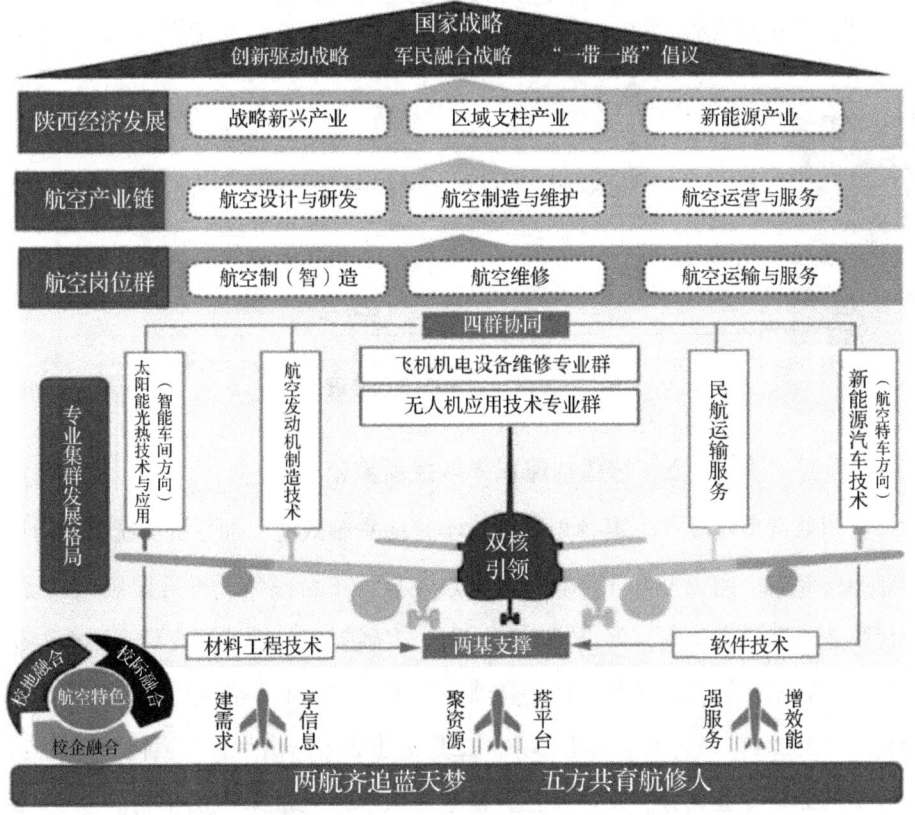

图1 "双核引领、四群协同、两基支撑"专业集群发展格局

（二）支撑"强"，两维续航推进蓄能前行新标杆

以"双高计划"为抓手，不断深化内涵建设。一是建"强"平台，蓄积动能再发力。与航空行业头部企业共建"西航职院—深圳大疆创新校企合作基地""南方测绘产业学院"等校企合作平台15个，推进资源共享、平台共建、技术共研、人才共育、合作共赢；引进西部地区高校首架波音737飞机，与西北民航局共建西部地区高校首家CCAR–147部培训机构。二是增"强"内涵，赋能前行再加速。对接创新驱动发展等国家战略，强化顶层设计，聚焦航空维修"卡脖子"关键技术，强化社会服务能力；聚焦课堂教学质量，打造"一课一书一空间"的课堂革命；推行"扬长教育""个性化教育"，促进学生增值成长，为"铁鸟"等航空高端装备实验台培育航空类高素质技术技能人才1万余人。

技术技能服务平台建设架构如图2所示。

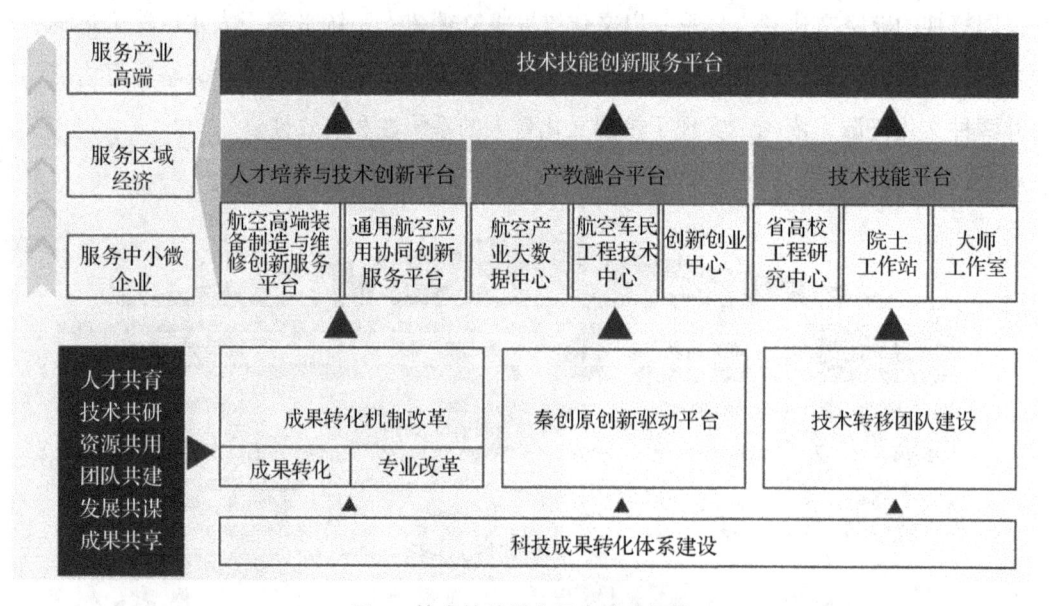

图2 技术技能服务平台建设架构

（三）凸显"高"，三核增值加速成果转换新典范

发挥全国航空类唯一"双高计划"建设学校的头雁效应，加强资源统筹与协同，突出向优势专业群倾斜、向领军人才倾斜、向标志性重大平台倾斜。一是聚焦职教理论研究。成立现代职业教育研究学院，促进"双高计划"实践探索与理论研究两个融合，聚焦职教类型特色、产教融合等改革任务，推出党建引领的"11224"航空文化特色育人模式以及西航特色的"35231"教育教学管理体系。二是搭建成果产出平台。强化自主性与能动性，鼓励二级学院立足专业优势、发挥特色，搭建重大标志性成果产出平台。以3~5年为周期进行项目策划，开展基础性、长期性的重大问题研究，瞄准大领域、大项目、大体系，

规划标志性项目，孵化标志性成果，推动二级学院成为"孵化平台、能力平台、产出平台"。三是转化成果提升育人实效。聚力打造标志性成果"高峰"的同时不断夯实人才培养"高原"，优化学校评价体系。全面开展课堂革命，促进"两个融合"，即教育教学改革与科研技术服务相融合、教学基础条件建设与标志性成果培育相融合。

（四）突出"广"，双元协同助力标准引领新高度

对接行业企业新技术、新工艺、新规范和职教高质量发展新要求，形成一批可示范、可推广的制度、标准和模式。一是国家标准引领。牵头或参与各类国家级标准46项，覆盖中职、高职和本科三个层次，其中"航空智能制造技术"等7项专业教学标准为本科层次。对接10个"X"证书标准，将其融入专业课程中，重构课程体系。对接国家教学标准，结合各专业特色制定50个高于国家标准的专业教学标准。二是突出模式创新。围绕"双高计划"11个专项，坚持"强组织、严落实、重绩效"的理念，创新党建、教学、专业群人才培养体系等10余个"西航模式"，支撑航空职教改革发展。

六、问题与改进措施

一是重大项目引领效应有待提升。"双高计划"建设以来，学校国家级标志性成果位居全国第一方阵，重大项目在提升高质量发展首位度的带动和引领作用有待提升。

二是国际合作交流项目有待加速。受新冠疫情、国际形势等多种因素影响，留学生培养、鲁班工坊等国际交流任务进度和建设成效未能达到预期成效。

下一步，学校将强化政策支持，推动重大成果转化和引领；积极与航空类"走出去"企业密切对接，推进国际合作走实、走深。

七、其他需要特别说明的有关事宜

无。

第一部分

强化党建引领 聚力学校发展

案例 1

党建"双创"强基铸魂　引领学校事业发展追赶超越
——西安航空职业技术学院党建"双创"工作典型经验

摘要：新时代高校党建"双创"工作开展以来，西安航空职业技术学院党委坚决贯彻落实习近平新时代中国特色社会主义思想，践行"不忘初心、牢记使命"的政治要求，探索凝练了"11224"党建工作模式，系统构建了"校级—省级—国家级"党建"双创"培育创建工作体系，实施基层党建工作"标准化、规范化、信息化、品牌化"的党建"四化"工程，推动学校党建质量全面创优和全面提升，实现学校党的建设与事业发展双融合、双提升。

关键词：党建"双创"；工作体系；事业发展

一、党建"双创"工作基本情况

新时代高校党建"双创"工作开展以来，学校党委坚决贯彻落实习近平新时代中国特色社会主义思想，按照教育部、省委教育工委高校党组织"对标争先"实施意见、新时代党建"双创"工作文件精神，切实履行党建主体责任，探索凝练"11224"党建工作模式，系统构建"校级—省级—国家级"党建"双创"培育创建工作体系，强化政治功能、机制改革、体系建设，推进基层党建工作"标准化、规范化、信息化、品牌化"的党建"四化"工程和"支部+"活动，使党的领导更加有力，党组织的组织力更加突出，辐射效应更加明显，有效推动学校党建质量的全面创优和全面提升，以高质量党建推动学校高质量发展，实现学校党的建设与事业发展双融合、双提升（如图1所示）。

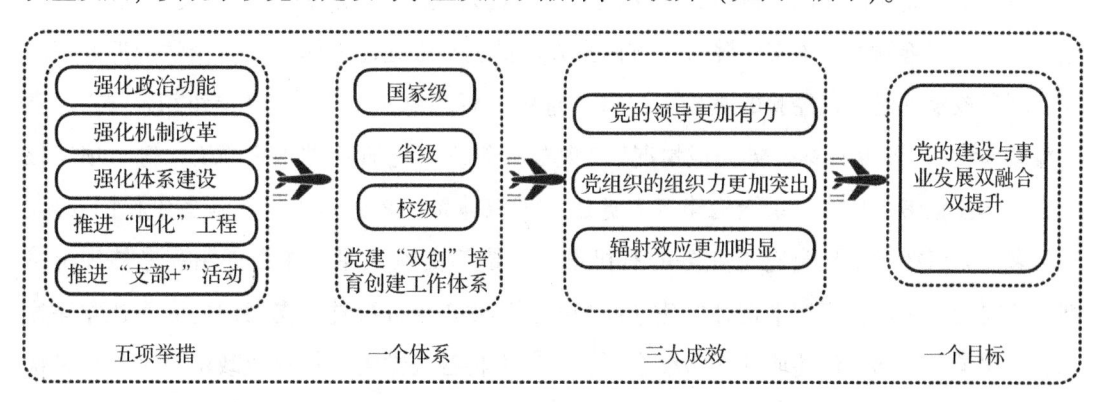

图1　学校党建"双创"工作模式

通过校级选育、积极申报、过程指导和监督检查，截至目前学校共获批全国样板支部4个、省级党建工作示范高校1个、省级标杆院系及样板支部各2个，省级以上创建单位数量达到9个，在全省高职院校中位居前列。目前，前两批党建"双创"培育建设单位共获省厅下拨经费9万元，学校投入项目建设经费28万元，并投入专项资金为各总支建设党建活动中心。同时，按照教师党员每人200元/年、学生党员每人100元/年的标准分年度行政拨付各党总支党建活动经费，按照22%（离退休党总支为80%）比例，分年度下拨党费，支持基层党组织开展党建工作。总体上，学校党建"双创"扎实推进、富有特色，整体上引领并带动学校党建工作和事业发展呈现新的局面，助推学校实现了追赶超越。

二、党建"双创"工作主要做法

（一）着力强化政治功能，发挥学校党委领导作用

学校党委坚持强化政治领导，始终把增强"四个意识"、坚定"四个自信"、做到"两个维护"作为首要的政治任务，充分发挥"把方向、管大局、做决策、抓班子、带队伍、保落实"的领导核心和政治核心作用，在政治建设、战略谋划、牵头抓总、大事统筹等方面聚焦中央部署、国家政策。对标中央、省级文件精神制（修）订学校党的政治建设制度，对标党的十九大精神制定《双高计划建设方案》，对标全国教育大会精神校准教育综合改革方向，把加强党的建设作为"双高计划"建设的首要任务推进，深入学习和贯彻习近平新时代中国特色社会主义思想，将党的各项建设与业务工作同谋划、同部署、同考核，实现党建引领事业跨越发展。

（二）着力强化机制改革，提供党建工作长效保障

构建了结构合理、层级分明、权责清晰的校院两级管理体系和党组织架构，完善二级学院党政联席会议制度，推进"双带头人"工作室与样板党支部培育建设相结合、互促进。建立基层党建责任制，推进二级学院党政负责人交叉任职，从班子建设、队伍建设、重点工作、完善制度、落实保障五个方面全方位推进基层党建工作。在总结学校近6年二级管理考核及党建考核经验的基础上，将"宣传思想及精神文明""基层组织建设""党风廉政建设""年度目标任务完成情况""基层党组织书记抓党建述职评议"等专项考核融为一体设置考核指标，系统构建"大党建"考核体系，将党建工作与业务工作同安排、同部署、同考核，实现党建与业务的有机融合。统筹实施党建工作责任制和考核评价机制，建立健全基层党组织书记抓党建述职制度，连续7年进行党总支书记向党委抓党建述职，实现了党支部书记述职评议考核全覆盖，着力将各级党组织打造成政治过硬、作风优良的坚强战斗堡垒。

（三）着力强化体系建设，全面构建党建"双创"工作体系

构建党建"双创"领导组织体系，培育创建单位梯级体系、线上线下阵地平台体系，形成多方联动共建、"点线面"齐步走的局面。

一是构建党建"双创"领导组织体系，建立了党委统一领导、联系校级领导靠前指导、组织部组织协调、党总支主要负责、党支部全员参与的工作格局，同时形成了党建"双创"建设培育单位遴选、项目管理、过程督导、示范辐射等工作机制。

二是构建党建"双创"培育创建单位梯级体系，积极参与上级党建"双创"遴选建设，扩大校内覆盖面，持续推动党建"双创"工作。除了9个省级以上创建单位，校内培育创建6个单位，形成了"校级—省级—国家级"的党建"双创"培育创建工作体系。通过设立党员示范岗、树立身边的榜样、召开推进会、开展经验交流等，积极扩大党建"双创"辐射面、带动面，切实发挥党建"双创"的示范引领作用。

三是构建党建阵地平台体系，推进线上线下多样化宣传思想阵地、实践教育阵地建设，使基层党的建设看得见、摸得着、有实效。率先成立全省高职首家马克思主义学院，搭建"时政大讲堂"和"红帆学社"两个思政互动平台，创新实施了"一体两翼"的思政课教学模式，着力推动党的理论特别是习近平新时代中国特色社会主义思想"三进"，牢固树立马克思主义在意识形态领域的主导地位。推进基层党组织党建工作阵地化，学校提供专项资金，为基层党组织建设党建活动中心，最大化发挥了实体化党建阵地的效用。

（四）着力推进"四化"工程，不断提升基层组织的组织力

一是规范化建设。优化机构设置，设立了学生分党委、教师工作部，进一步优化了党组织结构。加强制度建设，出台了《加强新形势下基层党组织建设的若干规定（试行）》等制度，推进基层党建工作制度化、规范化、效能化。制定《基层党组织组织员任用和管理办法（试行）》，为10个党总支配备组织员，着力推进党务工作队伍专业化、职业化。

二是标准化落地。学校严格落实党支部工作标准化，编印了《党建工作实务手册》《发展党员工作规程》《党员学习教育手册》《落实"三会一课"组织生活制度》等程序性资料，确保全校党支部工作统一标准、统一规范。

三是信息化支撑。投入专项经费，构建"西航职院智慧党建"网络平台，实现了党建工作的规范化、便捷化、信息化。推进新媒体阵地建设，将正能量网络引导和年轻人喜欢的方式结合起来，把思政教育放到学生们的"指尖"。学校在全国高职院校微信公众号影响力排名持续保持在"第一矩阵"。深度利用"易班""学习强国"平台，实现全员覆盖，定期公布总支排名，形成学赶比超的良好氛围。

四是品牌化发展。学校坚持发挥党建引领作用，在全校基层党组织推行"一院一品"项目，以党建促业务，实现品牌化发展。利用陕西红色教育资源丰富的优势，建设全国高职高专党委书记论坛"延安精神"实践研修基地，成立"航空报国""红色照金""峥嵘马栏""圣地延安"四个研修中心，成功举办全国高职院校党委书记"延安精神"红色研修班，全国50余所高职院校的党委书记及与会代表共180余人参加了研修。各基层党组织打造了一批品牌项目，如"党建铸师魂　培育领航人""建阵地　立机制　强导师，切实提升学生支部建设水平""巾帼建功谱华章　铿锵玫瑰分外香"等，1个党建工作案例入选《2021年全国职业院校党委书记论坛暨党建委年会优秀作品集》，3个党建工作案例入选《陕西高职院校基层党建工作案例集》。

（五）着力推进"支部+"活动，助推基层党建引领业务工作不断提升

一是支部+主题党日。如制造学院教工党支部、机关第二党支部与航空工业第一飞机设计研究院飞豹科技公司联合开展"弘扬航空工匠精神"主题党日活动，建立"2+2"结对共建机制，架通高校基层党建与国企基层党建互通共融渠道，以党建促校企合作交流，促进了校企合作，培育了教师的航空工匠精神。汽车工程学院党总支为党员过"政治生日"，并将为民服务、联系群众作为"生日回礼"，要求教职工党员联系少数民族新生，实行"一对一"帮扶制，持续实施精准养成教育。

二是支部+教学。发挥党支部对教育教学的引领作用，促使立德树人出实效。如制造学院教工党支部始终坚持立德树人初心、牢记航空报国使命，充分发挥基层党支部的思想引领、组织协调、服务指导作用，把广大师生在党史学习教育中激发的爱国热情转化为攻坚克难、干事创业的实际成效。

三是支部+名师。各教学党支部以党员名师作为实力担当，以榜样力量激励广大教师言传身教、弘扬航空工匠精神。如"万人计划"教学名师、共产党员张超，坚持"以德治教、以德育人"，带领团队获得多项荣誉，培养出了一批又一批的优秀人才。

四是支部+双带头人。制订培养计划，遴选建立2个校级"双带头人"工作室，通过"双向提升"丰富"双带头人"后备人才库，挖掘培养业务能力强的中青年党员学术骨干教师作为"双带头人"教师党支部书记后备人才，实现教师党支部书记"双带头人"全覆盖。强化"双带头人"的引领带动作用，管理学院教工党支部在"双带头人"支部书记的带领下，通过"五结合"，实现了党建工作与业务工作双促进、双提升。

三、党建"双创"工作成效

（一）党的领导更加坚强有力

进一步坚定了学校党委在学校发展过程中的政治核心作用，增强了"四个意识"，树

牢了"四个自信",坚决做到"两个维护",在国家级教学成果、国家级专业教学资源库、师生参加教学能力或职业技能全国性大赛获奖等标志性成果方面实现了多项突破,部分指标走在了全国高职院校的前列,在落实"双百工程"、高职百万扩招、抗击新冠疫情、确保高质量就业等重要政治任务中彰显了坚强的领导力。学校成为全国唯一一所航空类"中国特色高水平高职学校"建设单位,获评"陕西高校先进校级党委"称号(如图2所示)。

图2　学校党委荣获"陕西高校先进校级党委"

(二) 党组织的组织力更加突出

基层党组织在"五个到位""七个有力"上不断提升,强化了基层党组织的战斗堡垒作用,助力人才培养、教师发展,取得了丰硕的成果。如航空制造工程学院教工党支部先后获评"陕西省先进基层党组织"(如图3所示)和"陕西省教育系统先进集体",培养了"全国五一巾帼标兵"彭小彦等杰出技能人才。"万人计划"教学名师、优秀共产党员张超及所带团队中先后涌现出全国优秀教师1人、省级教学名师4人、校级教学名师2人,获陕西省教学成果奖一等奖1项、二等奖2项,指导培养的学生获国家职业院校技能大赛二等奖4项、三等奖6项,团队先后获第二批"全国高校黄大年式教师团队""首批国家级职业教育教师创新团队""陕西省优秀教学团队""陕西省优秀课程团队"等荣誉。

图3　航空制造工程学院教工党支部荣获"陕西省先进基层党组织"

（三）辐射带动效应更加明显

学校探索凝练的"11224"党建工作模式，即以航空报国为主线，构建"大党建"考核评价体系，打造西航"铁军"和高水平人才队伍，促进校地、校企党建与业务融合提升，着力推进基层党组织"四化"建设，被中央、省级等多家媒体报道，并在全国高职高专党委书记论坛作了交流。2021年12月，学校作为高职院校的唯一代表，在全省高校党的建设工作会议上进行交流发言，是学校在政府会议交流发言中级别最高的一次。在"不忘初心、牢记使命"主题教育期间，学校先后形成了基层党组织典型案例8个，其中4个案例被委厅"不忘初心、牢记使命"主题教育《简报》刊载，其中《西安航空职业技术学院党建引领，推动学校创新发展》被中共陕西省委教育工作领导小组主办的简报——《陕西教育工作情况》（2019年第11期）刊载，是学校工作经验在政府简报刊载中级别最高的一次。学校全国样板党支部建设单位——航空制造工程学院教工党支部立足教学、立足学生，把党建工作做在教书育人的大地上，先后获评"陕西省先进基层党组织""陕西省教育系统先进集体"等荣誉称号，支部书记辛梅受邀在陕西省高校教师党支部书记"双带头人"专题研修班作了"七个有力"如何落地的案例分享。

四、下一步努力方向

下一步学校党委将严格对照"四个过硬"的要求，以政治建设为统领，以党建"双创"强基铸魂，对标对表扎实推进。

一是发挥示范效应，在形成"品牌效应"上下功夫。

二是加大投入力度，在持续做好党建信息化上下功夫。

三是加强理论研究，在提高党建工作科学化水平上下功夫，力争创建党建"双创"工作省级示范高校，以党建引领学校"十四五"事业发展，如期建成"双高校"，实现学校新跨越。

案例 2

西安航空职业技术学院"1156"内部质量保障体系

摘要：西安航空职业技术学院坚持以服务为宗旨，以就业为导向，推进教育教学改革，以持续改进为抓手，推进教育教学管理水平和人才培养质量的全面提高。学校基于"内部诊断与改进"工作，形成了"1156"内部质量保障体系运行思路，即坚持一个理念（全面质量理念），实现一个目标（办人民满意的教育），贯穿五个层面（学校、专业、课程、学生、教师），抓好六个环节（建组织、设目标、定标准、促运行、强监督、重整改），通过运行实现教育教学管理水平的整体提高和人才培养质量的持续改善。

关键词：高职教育；教育教学管理；质量；人才培养

一、以质量提升为核心，构建内部质量保障体系

学校基于"内部诊断与改进"工作，建立了"目标、标准、设计、组织、实施"的质量改进螺旋，总结提炼出"1156"内部质量保障体系运行思路（如图1所示），建立了较为完善的质量目标体系和标准体系，形成了完整的自我质量保证机制，在学校、专业、课程、教师、学生等层面取得了显著成效，教育教学管理水平逐步提高，人才培养质量持续改善。

"1"：坚持一个理念（全面质量理念）

"1"：实现一个目标（办人民满意的教育）

"5"：贯穿五个层面（学校、专业、课程、教师、学生）

"6"：抓好六个环节（建组织、设目标、定标准、促运行、强监督、重整改）

图1 学校"1156"内部质量保障体系运行思路

（一）坚持全面质量管理，办人民满意的教育

学校作为全国航空类唯一入选高水平学校建设单位的院校，肩负着全国航空类职业院校改革发展的重任。"双高计划"建设以来，学校立足行业特色和区位优势，坚持战

略领航,创新驱动,以专业人才培养定位和模式改革为重点,形成了"两航齐追蓝天梦、五方共育航修人"的育人理念,坚持全面质量管理,办人民满意的教育,以生为本,系统规划。以"三融战略"统领学校改革发展全局,以"高起点谋划、高质量发展、高水平建设"为核心,以"双高计划"和提质培优建设为抓手,不忘航空报国初心、牢记立德树人使命,为党育人、为国育才,培养德智体美劳全面发展的高素质技术技能型人才。

(二)贯穿五个层面,建立内部质量保障运行机制

贯穿五个层面的内部质量保障运行情况如图2所示。

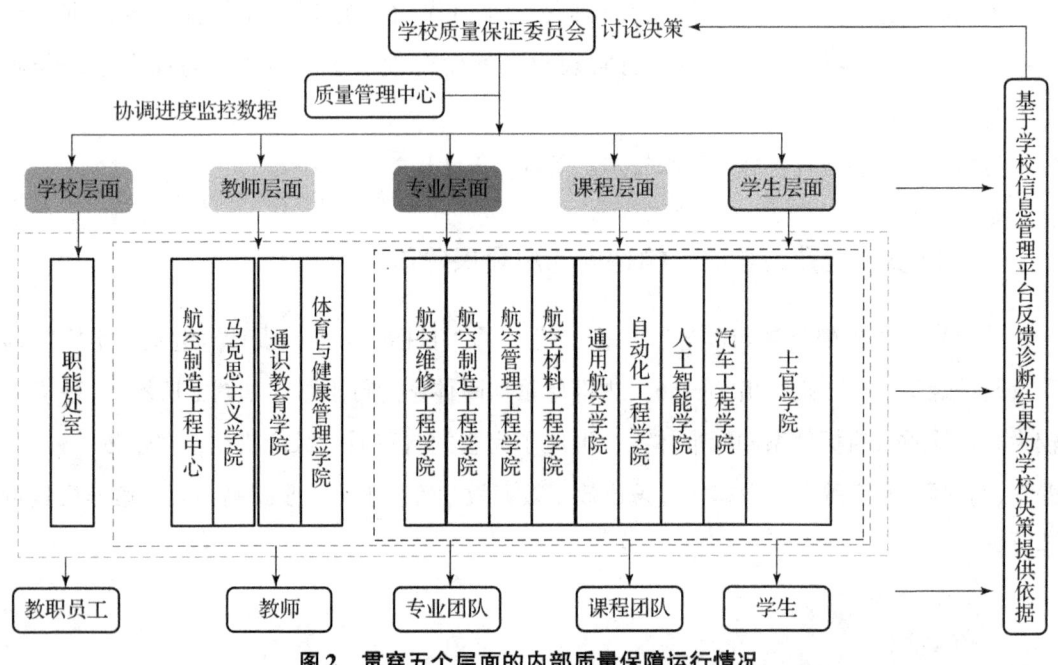

图2 贯穿五个层面的内部质量保障运行情况

1. 学校层面

建立了包括质量与效能在内的、目标与结果并重的单位(部门)和个人(干部)绩效考核机制,以诊改工作为抓手,将年度工作任务层层落实、落细,促使每个部门和个人都实现可持续发展和螺旋式上升,保证学校总目标的实现。

2. 专业层面

对标航空产业发展,调整了专业链结构,着力打造航空维修、通用航空、航空制造、航空材料等围绕航空产业上下游发展的八大专业群;依据自身发展特色,确定专业重点发展方向,建立健全专业群资源共享、师资共用机制,重点打造飞机机电设备维修、无人机应用技术2个"双高计划"建设专业群。聚焦航空产业发展,建立社会需求、行业发展、

学生和家长认可等要素在内的专业动态调整机制。按照专业建设目标链及标准链，明确了年度建设目标、任务、措施、预期效果，依托校内专业建设数据平台和校外机构进行专业诊断和评估，建立了多方参与的诊改体系。

3. 课程层面

构建了基于典型工作过程的专业课程体系，实现专业人才培养方案与岗位（群）对接；制定体现岗位技术要求的课程标准，专业课程内容与职业资格（标准）有效对接，提高了人才培养规格与岗位（群）需求的吻合度。采用"云班课""云课堂"等教学应用手段，推广"线上+线下"混合式教学方式，打造泛在、移动、个性化的学习模式。充分发挥了学校、二级学院、教研室三级督导的教育教学质量保证体系作用，通过三级督导及在线教学应用的实时监控，及时发现问题并改正问题。

4. 教师层面

持续加强人才引进及培育力度，通过开展师德师风建设、青年英才培养计划、名师培育计划等举措，提高了教师教育教学能力、实践能力和技术服务能力。及时监测师资队伍建设状态，对建设中存在的问题、漏洞进行及时准确的预警和反馈，及时自我诊断并改进，实现了学校教师发展总体规划目标。

5. 学生层面

围绕学生发展目标，突出学生自主发展核心主体地位，完善了学生学业发展、职业发展、个人发展、团队发展等要素的学生发展标准和制度体系。优化学生综合素质评价体系，推进素质教育学分制。搭建了学工一体化平台，实时采集学生状态数据，监测学生质量状态，分析学生学业等情况并及时反馈与改进。

（三）抓好六个环节，完善学校内部质量保障体系

1. 建立组织，形成了组织体系

成立了质量保障委员会，设置质量管理中心，各单位成立质量保障组，落实学校内部质量体系建设要求，开展单位内部的自我诊断和改进（如图3所示）。

2. 制订规划计划，形成了目标体系

按照学校"十三五""十四五"发展及部门发展规划，设计出总目标和分目标，建立了完整的发展规划体系。以建立目标链和标准链为抓手，厘清各单位（部门）的职责和任务，明确年度工作要点。

3. 健全标准，形成了标准体系

一是建立了学校、专业、课程、教师、学生等层面的标准体系（如图4所示），紧扣发展目标，层层分解，形成了发展目标链和发展标准链。

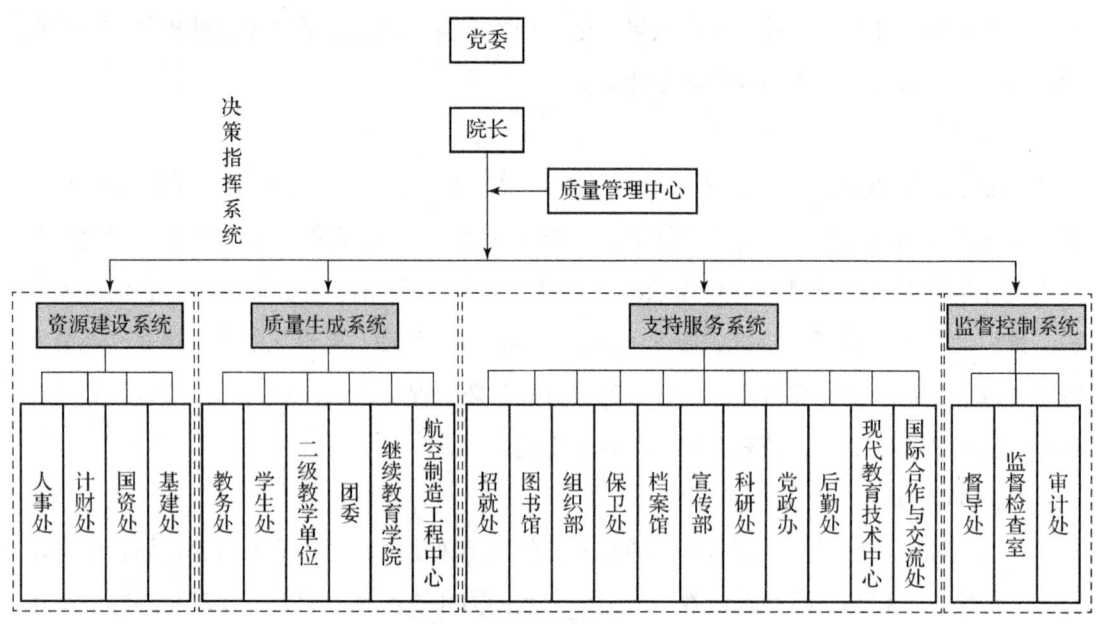

图 3　学校质量保证组织体系

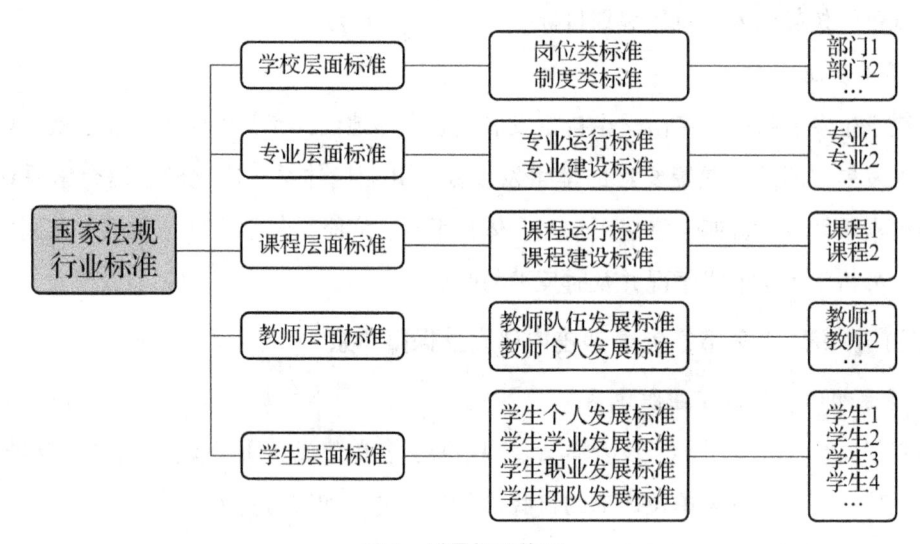

图 4　质量标准体系

二是健全了学校制度体系，编撰形成了包含 11 大类 227 个制度，共 66 万字的《制度汇编》，构建以学校章程为统领的层次合理、简洁明确、协调一致的制度体系。

三是完善了各部门、各项业务的工作标准，各单位重点职能、重点业务、工作标准皆已形成。

4. 保障运行，形成了考核体系

构建了绩效导向的教学单位绩效考评体系（如图 5 所示），建立了党政部门考核激励制度（如图6所示），形成了覆盖所有部门、全校职工的绩效考核机制，夯实教学单位及党政部门责任主体、质量主体责任。

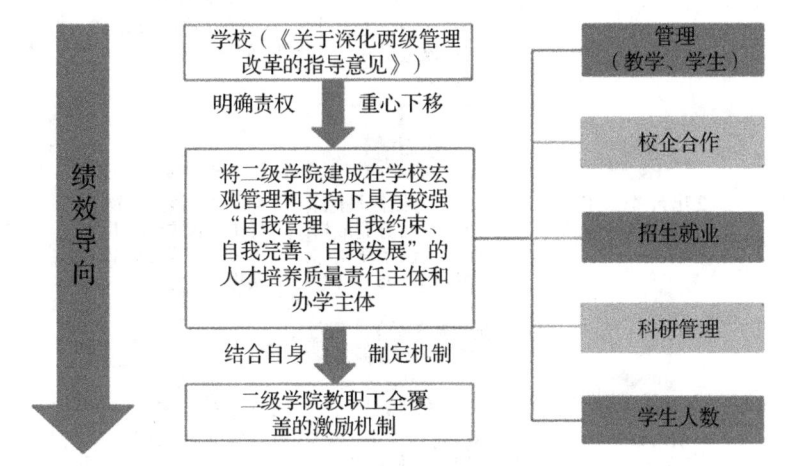

图5 教学单位绩效考评体系

图6 党政部门考核激励制度

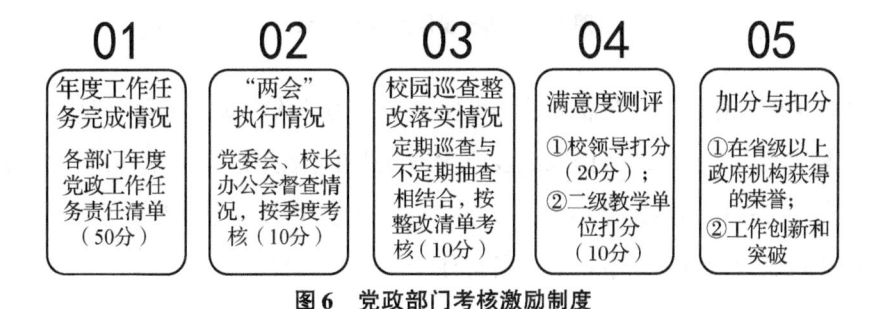

5. 强化监督，建立了任务督查督办机制

定期对"十三五"规划执行情况、年度重点工作任务完成情况、重大专项任务进展情况进行督查反馈，纳入年度考核绩效，形成督查简报，及时整改落实。

6. 全面整改，形成了内部质量保障运行体系

建立了学校数据监测与分析机制，依托校本数据平台，每年对人才培养工作状态数据、全国职业院校评估数据、高职院校事业统计数据进行专题分析，为学校领导决策提供数据支撑；建立了学校内部自我诊断与改进机制，每年定期开展部门工作诊改、专业自我诊改、课程自我诊改，全面落实学校内部质量保证的主体责任（如图7所示）。

二、对标"双高计划"建设，体系运行成效显著

（一）人才培养效果突出

获得国家级职业技能大赛和创新创业类大赛奖项42项，其中一等奖7项。每年约60%

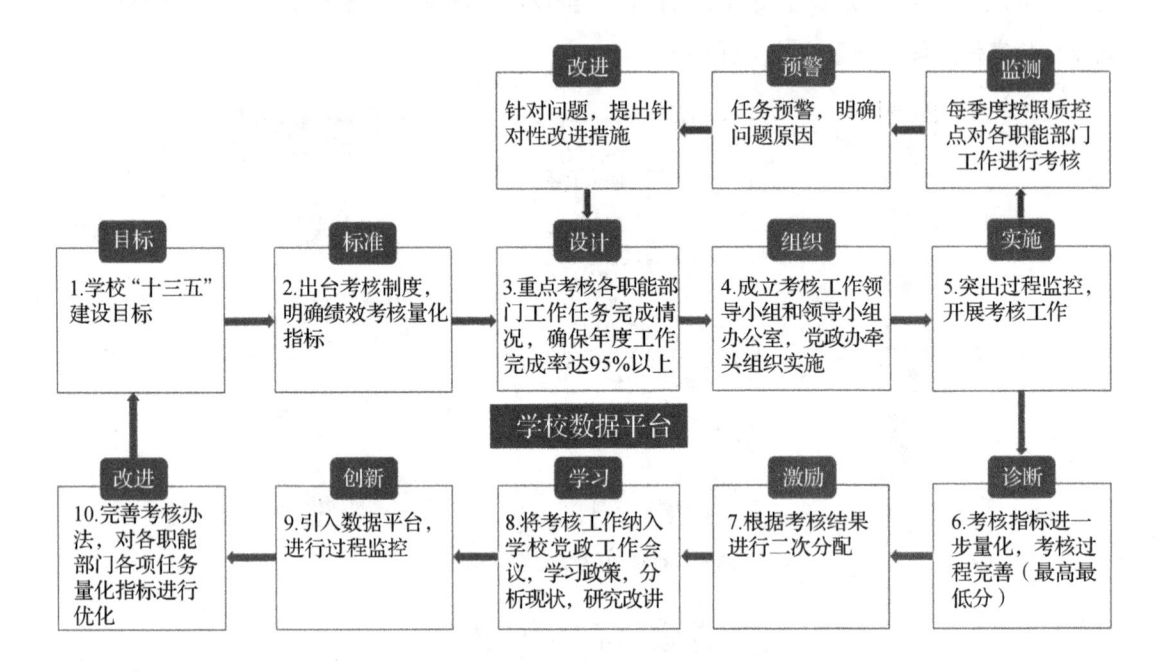

图 7　内部质量保障运行体系

的毕业生签约中航工业、空军装备企业等航空企业，为部队、航空工业企业培养了3万余名高素质技术技能人才，涌现出国家级技能大师叶牛牛、全国劳动模范罗卓红、全国技术能手张婷、全国五一巾帼标兵彭小彦、航空工业技术能手张向锋等航空领域的技术能手。航空企业和部队认为西航学子下得去、留得住、用得好、有发展。

（二）专业建设成效显著

对接航空全产业链，形成了涵盖航空制造、维修、材料及服务等特色专业的专业体系。主持国家级教学资源库2个；建有国家重点建设专业8个，其中飞机机电设备维修专业被教育部评为国家级交通运输类专业示范点；获得国家级教学成果奖2项，省级成果奖4项，航空行指委成果奖8项；主编"十三五"国家规划教材3本，国家级优秀教材1本，省级优秀教材1本。

（三）教师发展持续提升

新增二级教授2人，三级教授4人，国家级职业教育教师教学创新团队1个，国家"万人计划"教学名师1人，黄炎培职业教育杰出校长、杰出教师各1人，陕西省首批"特支计划"领军人才1人，陕西省"青年杰出人才支持计划"5人，13人荣获省级优秀教师等省级荣誉称号。教师获全国职业院校教师教学能力大赛一等奖2项、二等奖1项、三等奖2项，获陕西省高校辅导员素质能力大赛一等奖1项。

三、聚力内部质量攻坚，争当航空职业教育"排头兵"

在"1156"内部质量保障体系运行下，形成了上下联动、全员参与的管理考核机制，形成了周期性、全覆盖、常态化的诊改机制，学校教育教学管理水平整体提高，人才培养质量持续改善，并始终为建成航空特色领先、国内一流、国际知名的中国特色高水平高职学校而努力奋斗。

案例 3

一体三维三化　打造职业教育信息化标杆学校

摘要：坚持全面信息化、适度智能化，利用"云物大智移"等新技术，以提高管理效率、提升服务水平、突出教学应用为重点，以智能化基础设施为载体，持续完善数字化环境建设、数字教学平台建设，形成校园设施信息化、校园管理智能化、学习空间泛在化的教育教学新环境，实现集规模化教育与个性化培养为一体的职业教育信息化标杆学校。

关键词：三级管理体系；智慧校园；资源库；教学改革；虚拟仿真

一、主要做法

以完善信息化资源建设、提升智能化治理水平和打造泛在学习空间三个维度展开建设，通过加强校园信息化设计与管理水平、智能化基础设施建设、虚拟仿真实训基地建设、在线开放课程与专业教学资源库建设、教学模式改革等手段，形成信息化、智能化、泛在化的教育教学新环境，实现集规模化教育与个性化培养为一体的职业教育信息化标杆学校（如图 1 所示）。

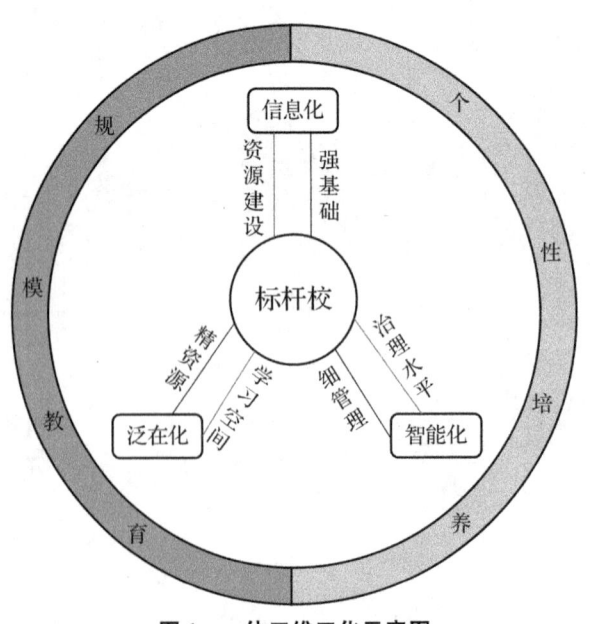

图 1　一体三维三化示意图

（一）强基础，升级信息化高速公路

1. 升级网络基础设施

校园网出口带宽扩容到 5 100 MB，信息点共计 5 271 个，其中有线信息点 4 165 个，无线信息点 1 106 个，覆盖全校所有区域，可满足所有师生同时在线办公和学习；教学楼及中心机房网络设备进行万兆接口升级，满足了万兆到汇聚、千兆到桌面的网络带宽需求。

2. 提供绿色基础 IDC 环境

构建统一高效节能的数据中心，对中心机房存储设备进行升级改造，存储结构由主备模式升级为双活模式，极大提高了数据存储与访问效率。依托虚拟化平台，建立了应用、托管和测试三个虚拟机集群，实现了主机集中托管、数据分层存储，节约了能源消耗和使用空间。

3. 建设智慧教室

通过智能主机与录播设备的结合，将每间教室变成独立的互动教学录播教室；还可以进行远程互动直播，线上线下同质等效。借助于智慧教学软硬件结合平台，促使传统教学形态发生变革，使原来单调、枯燥的课堂变得生动、多元，提高了师生互动效率，教学质量明显提升。

4. 建设虚拟仿真实训资源

投资 500 万元建成"B737 飞机维修虚拟仿真实训平台""B737 飞机维修 3D 模拟器""飞机结构装配及修理虚拟仿真平台"，开展专业课程"飞行器制造技术""通用航空航务技术""通用航空器维修""航空物流"等教学资源建设与 VR 虚拟仿真教学。

（二）细管理，提升智能化治理水平

1. 组建"学校—现代教育技术中心—党政部门"的三级管理体系

按照"谁主管、谁负责，谁使用、谁负责，谁运营、谁负责"的信息化建设原则和规定，信息化工作实行学校信息化领导小组统一领导、统筹规划、集中管理、分级负责的管理原则。三级管理体系下学校层面由党委书记、校长挂帅，全面统筹和协调学校信息化工作；现代教育技术中心负责学校信息化工作的顶层设计，进行信息化基础设施的建设，落实学校制定的信息化工作政策，指导和审核其他业务部门信息化建设方案；各党政部门负责具体项目的实施。该体系使得信息化项目从立项、建设、使用到管理过程能够有效推进，确保"建好""用好""管好"学校信息化设施。

2. 规划智慧校园指挥中心

以信息化手段监管事件全流程，通过数据分析进行科学决策。通过智慧校园指挥中心可直观看到学校办学指标，可以全面、及时掌握事件运行情况，为领导层提供"一站式"的管理信息中心系统，为科学决策提供有力的数据支撑。

（三）精资源，丰富数字化教学资源

1. 规范制度，完善信息化课程建设体制

以信息化为主线，全面加强教育教学管理。对标行业发展、中央和省级规定，建立《教学信息化管理工作章程》《线上线下混合式教学人才培养方案评价方法》等25项人才培养过程管理制度；探索"学分银行"制度和长学制培养，满足创新人才个性发展的培养需求。

2. 丰富资源，促进信息化内涵纵深发展

聚焦岗位标准，建设线上线下课程。按需设计，精准实施多样化线上教学。共享资源，扩大优质资源受益面。推出优质课程助力线上教学，疫情期间，学校通过"智慧职教""中国MOOC大学""学堂在线"等平台，免费向社会公众开放资源库示范课和在线开放课程76门。

3. 搭建平台，保障信息化课程建设全面推进

在现有信息化教学平台的基础上不断完善，升级"青果教学管理系统"，新增"习讯云实习管理系统"，新购置"智慧职教""蓝墨云班课"等课程平台，用好"学堂在线""超星尔雅通识课"等网络课程学习平台。同时，教师借助"智慧职教""中国MOOC大学"等平台资源及自建资源，每门理论课都给学生推荐线上优质资源，供学生自学，并定期为学生开展线上辅导。

二、成果成效

现已建成1个数据中心，14间智慧教室。"飞行器维修与数字化制造技术职业教育示范性虚拟仿真实训基地"已成功入选教育部职成司职业教育示范性虚拟仿真实训基地培育项目。主持参与国家级教学资源库2项，省级资源库3项。持续推进专业教学资源库、在线开放课程、虚拟仿真实训等项目平台建设；持续开展微课、MOOC、线上线下混合式、翻转课堂等课堂教学模式改革，满足学生泛在学习的需求。目前已建成146门在线课，其中24门课程被认定为校级精品在线开放课程，6门被认定为校级线上线下混合式课程，"民航服务与沟通""汽车保养作业标准与流程"等12门课程获批省级精品在线开放课程。在全国职业院校技能大赛教学能力比赛中获国奖5项，其中一等奖2项、二等奖1项、三等奖2项。

（一）信息化综合应用效果显著

为高效统筹全校信息化工作，加强学校信息化顶层设计与网络安全，更新了《学校信

息化建设工作组织机构》《西安航空职业技术学院信息化建设与管理办法（试行）》等制度，出台了《西安航空职业技术学院系统与网络安全管理制度》《西航职院信息化建设三级管理体系》等制度。

学校在智慧校园管理、日常工作流程等方面已建成 47 个业务系统。智慧校园指挥中心以校园仪表盘的方式，展示学校办学指标、人事情况、财务情况、资产情况、招生就业情况等统计数据与基本办学指标，为决策者提供统一的数据分析、关键业务指标视图。决策者通过指挥大厅可以直观看到办学的基本指标，可以全面、及时地掌握学校的运行情况，实现"校园一张图"，将校园智能化管理工作提升到新的高度。

（二）形成智能化课堂教学模式

智慧教室可以在教学过程中全面记录教与学过程中的所有数据，教师可清晰了解每个学生的学习情况，为学生提供个性化教学，做到因材施教。传统教学模式中存在以教师为中心基于经验的教学预设、难以即时评测、师生互动不够、缺乏课内外协作互助等不足，借助于智慧教室软硬件结合平台，促使传统教学形态发生了变革。师生之间可以进行任意的批注、推演，使原来单调、枯燥的课堂变得生动、多元；师生利用移动智能终端即时交流，增进了师生互动效率。利用动态教学数据收集分析技术，实现了数据化决策、即时化评价、立体化交流、智能化推送、可视化呈现和数字化实验，增进了课堂学习的交互与协作，建立了新型信息化课堂教学模式。智慧教学逻辑架构如图 2 所示。

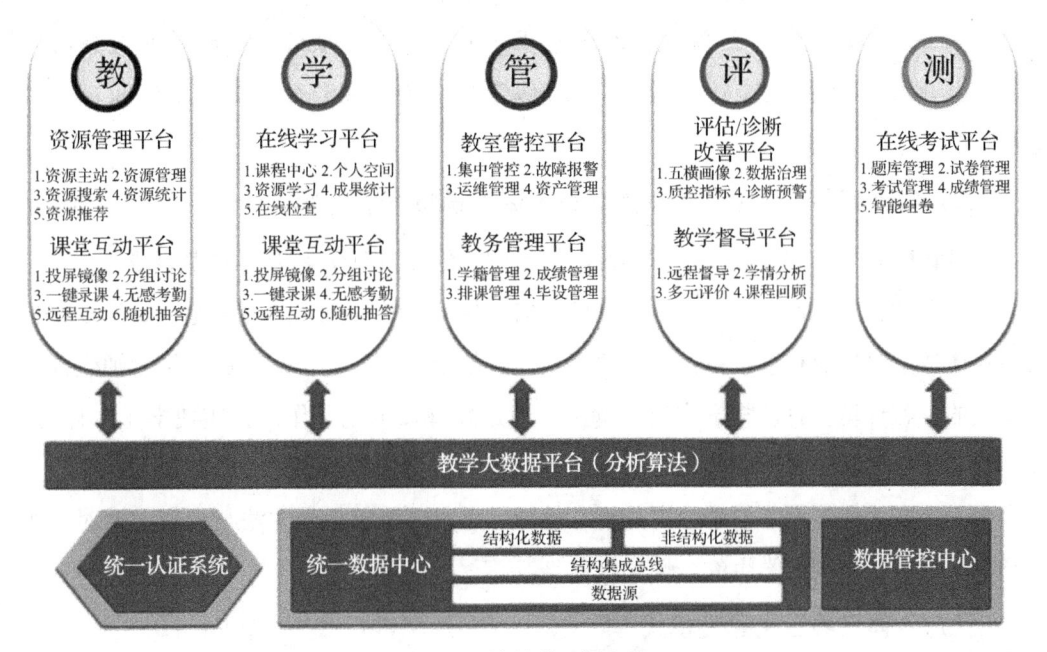

图 2 智慧教学逻辑架构

(三) 泛在化学习空间深度应用

以在线课程建设为抓手，推进"三教"改革。按照"整体规划、分批建设、建以致用、先建后评、用优则奖"的在线课程建设原则，分批分级建设在线课程。通过推进资源库和在线开放课程建设以及教材数字化等手段，提高优质数字化资源共享率。

虚拟仿真实训基地以校企合作、育训结合、虚实结合的建设思路，打造飞机外场维护虚拟仿真实训中心、飞机结构修理虚拟训练中心、飞机部附件修理虚拟实训中心、飞机电子电气附件修理虚拟实训中心、飞机发动机虚拟拆装实训中心、飞机数字化制造虚拟实训中心等6个虚拟仿真实训中心，整合了全校飞行器维修、制造领域的虚拟仿真教学资源，将虚拟仿真实训基地建成集航空维修与制造虚拟教学、社会培训、师资培养、资源开发于一体的国内高水平航空维修虚拟仿真基地。

三、经验总结

（一）统筹全校资源，实施分级管理

学校信息化建设领导小组统筹学校资源，按照"三级管理体系"的要求，明确了各部门的职责分工、主要管理内容以及主要任务。在实施过程中，严格把控项目的立项、审批、实施及后期维护，各部门目标明确、相互配合，提升了行政效率，并将这种行政力量融入日常工作中。出台《西安航空职业技术学院现代教育技术中心项目负责人制度》，项目落实到人，负责到底，避免了项目实施过程中责权范围不明确而出现管理盲区的情况。出台《西安航空职业技术学院现代教育技术中心工作人员绩效考核奖励实施办法（试行）》，将项目完成情况纳入个人和部门二级考核，充分调动教职工的工作积极性和创造性。

（二）智能硬件、制度评价倒逼课程资源建设与教学改革

通过智能硬件、制度政策，引导教师教学方式的改革和学生学习方式的转变，促进学生开展自主性、实践性、探索性学习，推进信息技术与教育教学的深度融合。学校将传统的多媒体教室改造成智慧教室，广受师生欢迎。创新教室设计，最终目的是为师生提供轻松舒适的学习环境，打破教学沟通的壁垒。通过发挥教师主导作用，实现学生主体地位，让"满堂灌""填鸭式"的教学方法远离大学课堂，促进教学模式由以教师为中心向以学生为中心转变。通过课堂教学数据分析，教师可以及时调整教学方法与内容，针对学生特点和课程特点，实现对学生的个性化培养。

（三）一体三维三化建设模式

一体是集规模化教育与个性化培养为一体；三维是完善信息化资源建设、提升智能化

治理水平和打造泛在学习空间三个建设维度；三化是校园设施信息化、校园管理智能化、学习空间泛在化的教育教学新环境。通过三维三化建设模式形成集规模化教育与个性化培养为一体的职业教育信息化标杆学校。

高职院校的信息化建设应紧跟国家职业教育改革步伐，完善体制机制建设，质量提升无止境，信息化建设与应用永远在路上。新时代、新高职、新挑战，学校将进一步规范教育信息化建设与应用，提升管理效率，加快推进航空特色专业建设，按照学校"十四五"事业发展目标任务，力争将学校早日建成航空特色鲜明、国内一流、具有国际影响的高水平高等职业院校。

案例 4

航空特色引领发展　打造国内领先高水平专业群

摘要：西安航空职业技术学院坚持走航空特色发展之路，以高水平专业群建设为牵引，主动对接国家战略和区域经济发展需求，集聚"政军行企校"五方合力，构建高水平专业集群发展格局。通过优化机构、搭建平台、集聚资源、创新机制等举措，建成"对接航空高端产业、航空行业特色凸显、师资队伍力量雄厚、群内资源共享、实践基地先进、技术服务能力增强、毕业生认可度明显提升"的高水平专业群。

关键词：航空特色；改革创新；专业群

一、实施背景

西安航空职业技术学院作为全国航空类唯一入选高水平学校建设单位的学校，肩负着全国航空类职业院校改革发展的重任。学校以服务军航和民航发展为宗旨，紧跟航空产业转型升级和行业新技术新要求，集聚"政军行企校"五方合力，校企协同打造以飞机机电设备维修、无人机应用技术国家级专业群为引领的 8 个专业群，全力将学校打造成为航空特色领先、国内一流、国际知名的职业教育"标杆校"，努力贡献中国特色高水平高职学校的"西航智慧"，引领带动全国航空类高职院校和专业群的高质量发展。

二、主要做法

学校以高水平专业群建设为牵引，以质量、贡献和特色为导向，系统优化各项办学要素，全面提升人才培养质量和社会服务水平，加快推进学校内涵式、高质量的发展。

（一）服务国家战略和区域经济，构建航空特色的专业集群发展格局

学校坚持走航空特色发展之路，以服务国家创新驱动、军民融合国家战略、"一带一路"倡议和陕西秦创原等行动计划为宗旨，主动对接国家航空产业和区域经济发展需求，构建学校专业集群发展格局（如图 1 所示）。面向航空维修、航空制（智）造、航空运输与服务三大职业岗位群，按照产业背景相同、学科基础相通、技术领域相近、就业岗位相似、教学资源共享、创新协同发展的逻辑，深化产教融合，促进产业群、岗位群、专业群有机衔接，构建了以飞机机电设备维修技术、无人机应用技术 2 个国家级专业群为引领，航空发动机制造技术、民航运输服务、太阳能光热技术与应用、新能源汽车技术 4 个专业

群协同发展，材料工程技术、软件技术 2 个新基专业群全面支撑的"双核引领、四群协同、两基支撑"的专业群集群发展格局（如图 2 所示）。实现人才培养供给侧和产业需求侧结构要素全方位融合，整体提升对航空产业的人才支撑和技术服务能力，提升产业的核心竞争力。

图 1　学校专业群体系与国家战略和地方区域经济对应性示意图

图 2　"双核引领、四群协同、两基支撑"的专业群集群发展格局

（二）坚持融合发展和改革创新，搭建"政军行企校"五方协同育人平台

学校发挥国家航空高技术产业基地核心区优势，坚持专业设置与航空产业升级同步规划，形成与航空基地、航空城龙头企业"区域规划一张图、集群发展一盘棋、融合发展一股劲"的良好局面。

学校以打造高水平专业群为目标，深化"三融战略"，完善"政军行企校"五方协同育人的建设机制（如图3所示）。

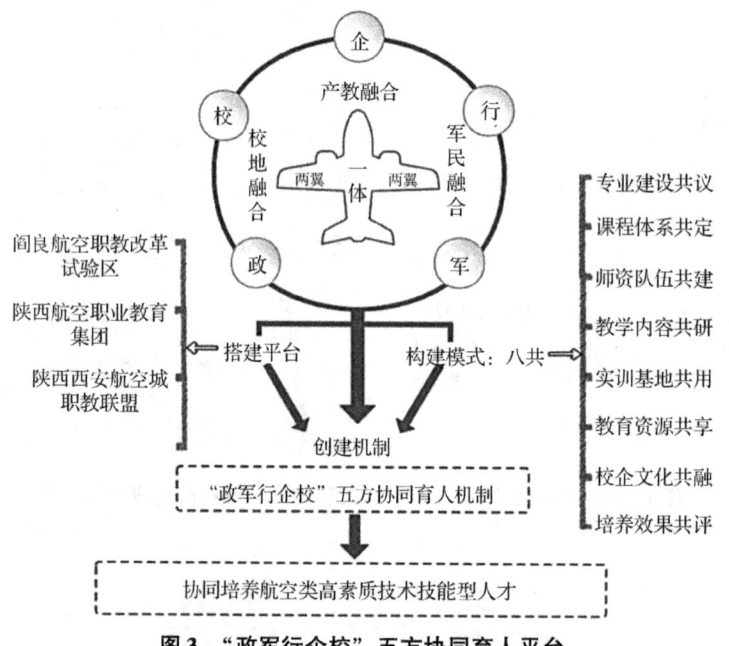

图3 "政军行企校"五方协同育人平台

1. 搭建五方共享平台

学校成立"政军行企校"理事会，优化了理事会议事规则和运行机制，发挥其咨询、协商、议事和监督作用。牵头组建陕西西安航空城职教联盟、陕西航空职业教育集团。

2. 构建五方共治模式

各专业群主动对接行业龙头企业需求，按照"物权自有、使用权共有、收益权共享"的原则，及时将企业新技术、新工艺、新规范引入课堂教学；聘请企业高工为实践导师，鼓励学校教师为企业开展技术技能服务，实现人员流动双向化；推进产业学院实体化，整合校企双主体创新要素和资源，构建产教深度融合、多方协同育人模式，实现"八共"目标。

3. 完善五方共育机制

持续优化学校制度体系、学术权力体系、内部质量保证体系，提升学校治理能力。聘请"政军行企校"的专家领导，组建教育教学指导咨询委员会，完善质量报告管理及监测评价办法，改革考核管理办法。学校"双高计划"建设以来，修订和完善了《西安航空

职业技术学院高水平专业群建设管理办法》等文件制度 120 余项。针对"双高计划"建设的重难点、"卡脖子"任务，联合五方，出台《西安航空职业技术学院"揭榜挂帅"工作方案》，学校 8 个专业群 805 位专业教师主动承接"双高计划"建设的 27 个重点、难点任务，形成学校全员参与"双高计划"建设的良好氛围，提高专业群建设的执行力。

（三）深化产教融合和校企合作，协同推进航空专业人才培养新模式

学校持续深化产教融合，加大各专业群与航空龙头企业合作，按照"共建、共管、共享"的原则，校企共建产业学院，推动资源共享、人员共用、技术共研、功能互补，实现专业教学资源与行业最新技术同频共振。校企双元搭建企业生产技术服务与教育教学深度融合的集"产、学、创、用"四位一体的"技教融合"平台，开发基于企业生产项目为载体的课程单元模块、育训结合的新型教材和数字化资源，推进校企招生招工一体化、生产育人一体化。在提升学生能力的同时解决企业生产任务难完成的问题，推进学生成才、教师成长和专业发展三位一体发展，实施人才培养模式改革（如图 4 所示）。

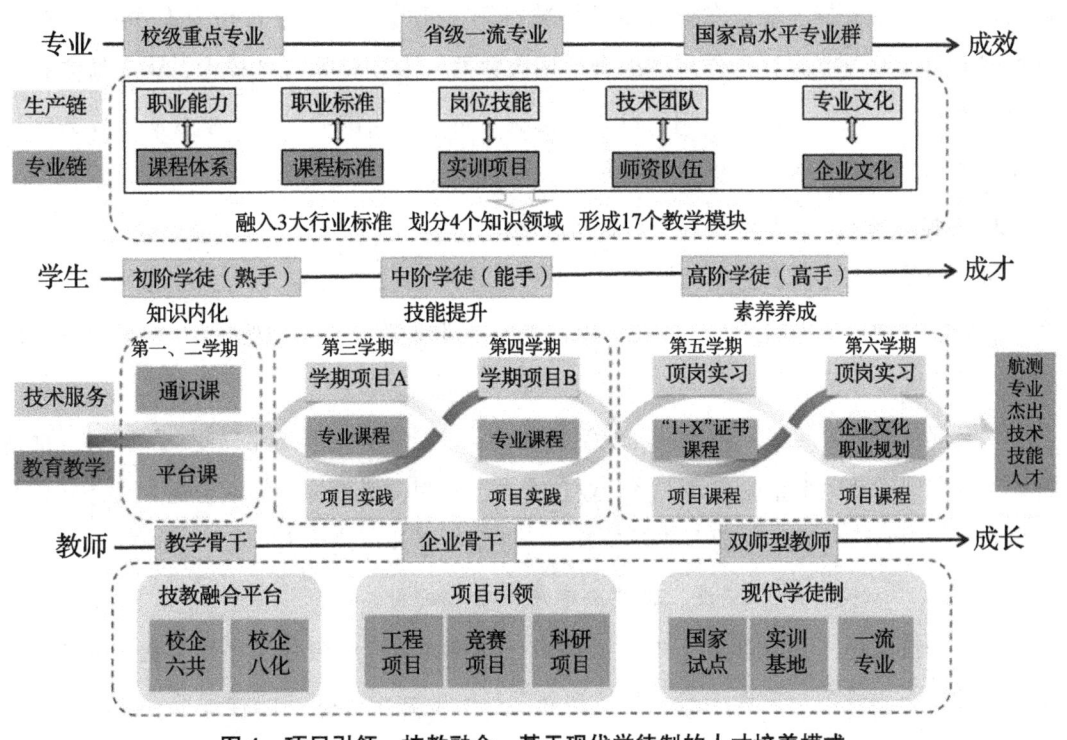

图 4　项目引领，技教融合：基于现代学徒制的人才培养模式

专业群以课堂教学改革为突破口，全要素、全过程、全方式、全师资、全方位开展高水平职业教育"西航实践"，真正让每位西航学子都能享受最适合自己的职业教育，成为具有爱岗敬业、艰苦奋斗的态度，勇于创新、精益求精的品质，忠诚奉献、为国为民有担当的航空杰出技术技能人才。学校紧紧抓住"50 分钟课堂"主战场，以"启发式—项目

化"课堂教学改革为突破口，实施"课程体系、教学方式、学业评价、教学激励、条件保障"全要素课堂教学改革，打造"进阶式学习"课堂；以"岗位工作胜任能力"为牵引，开展关注学生实践技能的全过程学业评价；通过订单班、现代学徒制班等多措并举，全方位推进杰出人才培养；通过"双师型"教师上讲台、绩效考核、重奖一线教师等，全师资强化教书育人；牢固确立教学实践地位，全方位加大教学投入，打造智慧教室、虚拟仿真等现代化教学环境。

（四）激发专业建设和发展活力，健全专业群发展动态调整体制机制

主动适应专业群发展及技术创新平台需求，持续推进体制机制创新。

1. 以群建院，创新专业群管理体制机制

学校统筹优势资源，按照"以群建院"和"169系统"思路，制（修）订314项制度，完善了"一章八制"为核心的制度体系。学校重组8个二级学院，启动了6个省级高水平专业建设工作，实现了专业群内管理、信息、资金等要素，特别是校企合作等各类资源的高度共享。建立专业群定期调整机制，充分发挥航空行指委人才需求预测、重点就业单位职业能力评价作用，综合运用大数据、云计算等信息技术，建立航空行业人才信息收集、分析、发布和响应机制。把航空企业就业供求比例、就业质量作为学校专业群内排序调整及规模调整的重要依据。

2. 发挥龙头效应，推动协同育人机制改革

深入开展"书记校长企业行活动"，各专业群与1~2个航空龙头企业深化了合作关系，实质性推动校企协同育人。依托"陕西航空业职业教育改革试验区"，推动试验区航空龙头单位优势互补、信息共同。针对学校教学资源无法与航空产业最新技术、最新工艺、最新规范同步的问题，充分发挥航空行业龙头企业的设备先进性、人才高端性优势，将课堂及实训场地搬至企业车间，将企业技术人员聘为授课教师，将航空生产任务转化为项目式教学内容，实质性推动专业群与航空行业龙头企业协同育人。

3. 聚焦"双高计划"建设，构建办学质量督导评价体系

学校坚持实施"工学四合"的育人模式，即教育与产业结合、学校与企业结合、教学与生产结合、学习与就业结合，持续更新学院专业教学标准、课程标准、顶岗实习标准、实训基地建设标准、社会培训标准、社会服务标准等。建立健全专业群学院办学质量评价和督导评估制度，定期对学习者的职业道德、技术技能水平和就业质量进行抽查和监督。实施学院质量年度报告制度，报告秉承公开原则。构建"政军行企校"五方共同参与的质量评价机制，支持第三方机构开展教育质量评估，并将评估结果作为学院政策支持、绩效考核、表彰奖励的重要依据。通过主持、参与、输出标准，凸显专业品

牌效应；搭建平台，增强对话，扩大专业影响。

三、成果成效

（一）专业建设成效高

学校专业建设已显成效，办学实力显著提升。学校现有国家级高水平专业群2项，国家示范院校重点建设专业7个，国家级骨干专业7个，国家级现代学徒制试点专业2个，国家交通运输类示范专业1个，省级重点专业14个，省级专业综合改革项目6个，一流专业含培育等重点专业11个。建成国家级生产性实训基地4个，央财支持实训基地4个，立项国家级虚拟仿真实训基地建设项目1项。建成国家精品课程2门，国家精品资源共享课程2门，获全国首届课程思政示范课程、教学名师和团队1项，主持或联合主持国家级职业教育专业教学资源库2项，获国家级教育教学成果奖2项，获批教育部"国家职业教育虚拟仿真示范实训基地专业课程与教学资源建设"项目4项，国家优秀教材二等奖1项，3本教材入选"十三五"职业教育国家规划教材，7本教材入选工信部"十四五"规划教材建设项目。学校是教育部现代学徒制试点单位，入选全国高职院校实习管理50强，荣获全国第六届及陕西省第三届黄炎培职业教育"优秀学校奖"。

（二）人才培养质量高

学校人才培养质量得到了社会各界的认可，毕业生中涌现出的全国五一巾帼标兵、湖南省技术能手彭小彦，毕业仅10年就以精湛的技艺攀登数控"智高点"，先后攻克技术难关12项，为单位节约资金600多万元；荣获国庆首都阅兵装备保障工作突出贡献奖的全国劳动模范罗卓红，先后执行国家级重大专项任务36次，被称为空军装备系统发动机综合监控第一人；2019年陕西省评选的40名首席技师中，西航毕业生占据4席。学校累计为航空工业培养了9.1万技术技能人才，其中为陕西航空产业培养了4.8万技术技能人才，C919、ARJ21等国内最新机型"铁鸟"试验台的技术人员约30%来自学校。企业普遍反映西航学子下得去、留得住、用得好、有发展。

（三）社会服务贡献高

学校成立了理事会，牵头组建陕西航空职业教育集团及陕西西安航空城职教联盟，与阎良区政府共建了"企业家培训学院"，打造了1个国家级协同创新中心，并入选第一批示范性职业教育集团（联盟）培育单位，与5702工厂、5720工厂长期建立"订单班"，建立了"兄弟+伙伴"的合作机制，推行现代学徒制，通过现代学徒制班就业人数达到1300余人。

主动适应产业转型升级，通过技术攻关、技术服务，学校立项国家、省级、厅级课题

74项，完成横向科研项目158项，到款金额突破1 000万元。3年来，学校通过多方位保障、多渠道出招、多特色推进，社会服务项目累计232项，达3.7万人次；服务到款额640余万元；技术服务产值达到2 700余万元。

四、成果总结

学校专业群建设坚持航空特色，对接航空高端产业，发挥航空基地区位优势，深化产教融合，产学研用同频共振，建成了"四个一批"，即一批融入航空产业新技术、新工艺、新规范的航空类国家级职业教学标准，一批面向整机总装、部附件修理岗位等任务式教学项目，一批新型活页式、手册式教材，一批总师引领的专兼结合"双师型"高水平教师团队。该案例适用于高水平专业群建设、职业教育改革领域，对于深化校企合作、技术服务、"三教"改革等具有可复制、可借鉴价值。案例相关成果被《光明日报》、《人民日报》、央广网等中央主流媒体专题报道，推广应用到西北大学、韩国岭南理工大学、长沙航空职业技术学院等70余所院校，在职业教育等高端会议交流20余次。

案例 5

筑"高原"攀"高峰" 打造航空杰出技术技能人才培养高地

摘要：以"双高计划"建设为契机，依据《中国特色高水平高职学校和专业建设计划项目遴选管理办法（试行）》和学校建设任务书，全面实施教育教学高质量发展的"高原"计划，多维度拓宽、夯实教育教学基础平台，提高规范性、提级发展性、提升整体性，促进标志性成果的"高峰"从"出现"到"涌现"、从"一项"到"一批"的转变，全面提升人才培养质量，将学校打造成航空类专业杰出技术技能人才培养的高地。

关键词：五育并举；产教融合；提质培优

以落实、落细全国职教大会精神为总体目标，全力达成"双高计划"建设任务，着力实施教育教学高质量发展的"高原"计划，在规范的基础上提高效率，在高效的基础上提升质量，将教育教学改革与科研技术服务相融合，把教学基础条件建设与标志性成果培育相融合，形成可复制、可推广的政策、制度、标准；在筑牢"高原"基础上勇攀"高峰"，培育出一批国家级教育教学类标志性成果，全面提升核心竞争力。2022年在"金平果"中国科教评价排行榜中，学校综合竞争力排名第 45（全国 1 484 所高职院校）。全面提升人才培养质量，学校每年超过 60% 的毕业生在各类航空企业中就业，毕业生中涌现出一批技术能手、工匠，学校已成为航空类专业杰出技术技能人才培养的高地。

一、筑"高原"攀"高峰"的主要做法

（一）五育并举，实施航空职业素养提升计划

1. 立德树人，推进习近平新时代中国特色社会主义思想"三进"工作

坚持为党为国育人宗旨，持续加强思想政治课程在德育中的主渠道地位，开齐开足思政课程，利用爱国主义教育基地研学、沉浸式体验"重走长征路"等形式开展思政课程的实践教学；发挥课程育人主阵地作用，制定《西安航空职业技术学院"课程思政"改革实施方案》，要求各专业制定课程思政实施方案，将思政元素融入专业课程中；每年组织课程思政教学设计比赛、课程思政优秀案例征集评选活动，将专业课和思政教育融合度作为评价课堂改革的重要指标，提升教师课堂综合育人的能力。

2. 岗课赛证融通，提高"智育"技术含量和培养水平

根据专业群面向的产业链和岗位群，在广泛调研的基础上深入分析专业群对应岗位群所需知识、技能的具体要求，构建专业群课程体系；结合相应技能大赛考核的知识、技能点以及职业资格证书（职业技能等级证书）的要求，根据企业真实工作对象、工作内容、工作过程，及时将新标准、新技术、新工艺等融入课程内容，形成专业群人才培养标准。加强课程开发和建设，将教学内容中不易懂、难再现的部分制作成动画、视频、虚拟实景等数字化教学资源，加大精品在线开放课程建设；以课堂革命为抓手不断深化"三教"改革，进一步优化评价考核方式；持续提升专业技术技能培养质量。

3. 强健体魄，持续巩固体育在"五育"中的地位

学校党委高度重视学校体育工作发展，始终以习近平新时代中国特色社会主义思想为指导，全面贯彻党的教育方针，坚持"健康第一"的教育理念，出台了《西安航空职业技术学院加强和改进新时代学校体育工作的意见》，不断完善体育师资配备，开足体育课程。开展大学生阳光体育活动，落实学生每天锻炼一小时的目标，通过每月举办一次校级体育竞赛、每年举办校运动会、组建大学生长训队等形式丰富体育教学的内涵，培养学生在体育锻炼中享受乐趣、增强体质、健全人格、锤炼意志。

4. 以美育人，不断完善学校美育条件及美育教学

出台《西安航空职业技术学院关于落实加强新时代美育工作的意见》，成立学校美育工作领导小组；进一步美化校园环境，加大实验实训场所文化建设力度；将公共艺术课纳入必修课程，依托大学生艺术中心为全校学生开足公共艺术课程；持续开展"高雅艺术进校园"系列活动，邀请知名专家来校开设"美育名家大讲堂"，通过"校园之春""航空文化艺术节"等活动丰富美育内涵，不断提升学生审美素养，陶冶情操，温润心灵，激发学生创新创造活力。

5. 崇劳爱劳，构建新时代劳育体系

制定《西安航空职业技术学院加强新时代大学生劳动教育工作的实施意见》，成立了劳动教育科。将劳动教育理论学习以必修课的形式纳入人才培养方案；通过实习实训环节融入劳动安全、劳动态度教育，在实训课程考核中单列劳育考核内容；通过第二课堂开展生活性劳动和服务性劳动，培养学生热爱劳动，提高其以劳为美、劳动光荣的认同感。

除在"德、智、体、美、劳"五个维度精准发力外，学校还在全日制在校学生中实施素质教育证书制度。素质教育证书测评内容包含学业素质、思想道德素质、职业素质、身心健康素质、特色文化素质、创新创业能力素质等六大方面。素质教育以第二课堂形式开展，通过易班实施管理和评定，纳入学生毕业条件；选拔优秀士官班学生作为普通班级班主任的"军政助理"管理第二课堂,第二课堂的管理体系化、制度化,使学生有优秀的思想品质引领、良好的身心健康保障职业素质的养成。

(二）产教融合，实施航空杰出技术人才培养计划

1. 不断扩大现代学徒制试点规模

学校是教育部第二批现代学徒制试点院校,作为唯一入选"双高计划"立项建设的航空类高职学校,学校将为航空行业培养杰出技术技能人才视为根本职责。学校紧抓地处国家航空产业基地的地域优势和传承军工基因的行业优势,与区域内、行业内知名企业进一步紧密合作,在"双高计划"专业群中挑选飞机机电设备维修、飞机制造技术、通用航空器维修、摄影测量与遥感等技术技能含量高、复合型人才需求迫切的专业,与相关企业签订现代学徒制培养协议,不断扩大现代学徒制培养规模。

2. 持续提升校企合作质量和深度

学校与5702工厂、成都纵横、南方测绘等行业知名企业共建产业学院8个,与驰达飞机、三角防务、陕西飞机零组件、航天六院、航天四院等企业单位签订企业定制班50余个。通过"六共"的具体形式与企业开展深度合作,即共同研制专业教学标准、共同开发工作手册式教材、共建实训基地、共享师资资源、共同确定岗位实习内容等,校企合作的持续深入保障了技术技能人才的培养质量。

3. 深入探索复合型人才培养

学校依托陕西理工大学和西安航空学院两所普通本科高校,在机械设计制造及其自动化、电气工程及其自动化两个专业探索长学制复合型人才的培养。针对生源毕业院校和专业多样化的特点,结合应用型本科对人才培养的定位和要求,对接航空高端企业对应用型本科人才的需求,"校—校—企"共同制定专业人才培养方案。学生在学校完成各培养环节规定的内容,在与学校合作的产教融合型企业中完成毕业综合实践和毕业设计,为学校开展职业本科办学积累了宝贵经验。

(三）提质培优，实施"创新人才"培养计划

1. 扬长教育，学分替换先行先试

针对高职学生普遍的学习特点提出扬长教育理念,助力学生成长。出台《西安航空职业技术学院大学生技能竞赛学分和成绩替换暂行办法》,鼓励学生通过技能大赛、科技发明获取学分替换课程学分。按照"校赛选苗子、省赛育种子、国赛拔尖子"的思路,通过各类学生社团培育、"校—省—国"三级大赛洗礼,培养技术技能"创新人才"。

2. 专创融合，"双创"教育稳步推进

学校历来重视"双创"教育对创新型人才的培养,成立了陕西（高职）首家创新创业

学院，负责全校创新创业教育的顶层设计、实施。将创新创业教育课程纳入人才培养方案必修课程，同时各专业至少开设一门创新设计类课程，实现专创融合全覆盖。聘任行业精英、杰出校友80人作为兼职"双创"导师，每学期开展"双创"课程研讨会不少于2次。通过组织校内海选、复活赛等环节精选优质项目参加"互联网+"大赛、"挑战杯"竞赛等创新创业类赛事，培养学生的创新意识和创新精神。

二、筑"高原"攀"高峰"工作成效

（一）筑牢教育教学质量和水平的"高原"计划成效显著

1. 课程育人能力显著增强

马克思主义学院的"习近平新时代中国特色社会主义思想进'基础'课研究与实践"获批习近平新时代中国特色社会主义思想"三进"省级精品课程项目立项；通用航空学院的"传感器技术与应用"课程获批教育部课程思政示范课程；近3年教师在省级思政大练兵活动中获得思政课程教学能手1人，教学标兵2人，课程思政教学标兵2人。在2020年全国职业院校"战役课堂"课程思政典型案例评选中获三等奖2项。在教育部主办的全国高校思想政治理论课教学展示活动中获一等奖1项、二等奖1项；获批省课程思政教学研究示范中心1个；开展课程思政专项研究554项，汇编并出版课程思政优秀案例集9本。教师整体教学能力和水平大幅提升，举办了第二届校"金牌教师"教学竞赛，在近3年教师教学能力比赛中，获省赛奖27项、国赛奖6项，比赛成绩在省内高职院校中领跑。

2. 专业与课程建设水平明显提升

近3年学校教师主持参与国家职业标准或课程标准23项，获批省级精品在线开放课程12门，在全国首届优秀教材评选中获二等奖1项，获"十四五"规划教材3本。近3年学校先后获批Web前端开发、网店运营推广、工业机器人应用编程等17个职业等级技能证书项目的试点工作。目前已开展Web前端开发等7个项目的培训认证工作，近两年培训人数近千人，认证学生人数达到897名。

3. 深入推进素质教育成绩斐然

学校成功入选2021年全国职业院校校园文化"一校一品"学校。近3年组织开展"高雅艺术进校园"14场，"传统文化进校园""美育名家大讲堂"活动4场；举办"校园之春"文化艺术节，"博雅通识"中华优秀传统文化系列讲座等艺术实践活动，参与学生达6 000余人次；在第六届全国大学生艺术展演中荣获省赛奖项6项，在第二届中华职教社非遗创新大赛中，获国赛奖项2项。近3年各二级学院组织各类"阳光体育"体育竞赛活动平均52次/年，除常规体育项目比赛外，还包括跳绳、拔河、毽球、健康跑大赛等专项项目，各类比赛参与学生达 15 000 余人次，2021 年获陕西省大学生校园足球联赛高职高专男子组亚军。学校高度重视学生劳动教育，获批陕西省大中小学劳动教育实践教学基地。

4. 人才培养质量成绩突出

"三教"改革的不断深入开展有力地促进了学校办学水平和人才培养质量的提升。近3年毕业生就业率均在95%以上，毕业生在用人单位受到普遍好评，学校毕业生中超过60%在航空、航天类企业就职，C919、ARJ21 等机型的"铁鸟"试验台技术人员中近30%为学校毕业生。近3年学生在各类技术技能竞赛中获省级以上奖项近300项，其中国家级奖项19项；2019年陕西省"首席技师"40人中有4人是学校毕业生，2021年陕西省"首席技师"40人中2人出自学校。毕业生中涌现出包括被誉为战机"心脏手术师"罗卓红、航空工业首席专家张向锋、"金牌蓝天工匠"叶牛牛、全国五一巾帼奖彭小彦等一批技术能手、大国工匠。学校已成为中航工业人才培养定点招聘学校、中航发高技能人才培养定点学校，是中国航空工业集团公司、中国航空发动机集团有限公司检测及焊接人员资格认证管理中心培训基地。

（二）聚焦教育教学国家级标志性成果"高峰"效应凸显

1. 国家"双高计划"遴选核心指标成绩突出

近年来，学校在教师教学能力比赛国赛、国家级教师教学创新团队、课程思政示范课程、国家优秀教材、全国职业院校技能大赛等代表学校高质量发展的"双高计划"遴选核心指标上不断突破，在这些核心指标上共获得国家级成果或奖项45项，在立项建设的56所"双高校"中排名第16。

2. 学校综合竞争力提升显著

学校人才培养质量的持续提高和各项教育教学成果的不断突破使得学校综合竞争力在高职院校中提升显著。在业内权威第三方评价机构——"金平果"中国科教网中国高职高专院校竞争力排行榜上，学校由2018年在全国1 386所同类院校中排名第139，上升至2022年在全国1 484所同类院校中排名第45，上升位次达94位，名次增长幅度在同类院校中名列前茅。

三、经验与总结

学校坚持"三融战略"发展理念引领，紧抓全国航空职业教育"头雁"的建设目标，聚焦航空特色，突出改革创新，按照紧盯"引领"、强化"支撑"、凸显"高"、彰显

"强"、体现"特"的绩效管理要求，不断探索新路子、创新新模式、实现新突破、推动新跨越、促进新发展。坚持将国家政策和制度落实落细，将具体工作做精做强，夯实教育教学基础，在规范的基础上提高效率，在高效的基础上提升质量，将教育教学改革与科研技术服务相融合，把教学基础条件建设与标志性成果培育相融合，在筑牢"高原"基础上勇攀"高峰"。

案例6

特色引领　集群发展　五方共育航空工匠

摘要：学校坚持走航空特色发展之路，紧抓"双高计划"建设重要机遇，以高水平专业群建设为牵引，服务国家创新驱动、航空强国战略和陕西秦创原创新发展行动计划，集聚"政军行企校"五方资源，以群建院形成专业群发展合力，培养适应航空产业发展的高素质技术技能型人才。

关键词：航空特色；专业集群；航空工匠

一、实施背景

西安航空职业技术学院作为全国航空类唯一入选高水平学校建设单位的院校，肩负着全国航空类职业院校改革发展的重任。学校按照"航空特色引领，专业集群发展"的建设思路，以服务国家战略和地区经济发展为宗旨，面向航空维修、航空制（智）造、航空运输与服务三大职业岗位群，深化产教融合，以群建院促进产业群、岗位群、专业群的有机衔接，构建了国家级—省级—校级梯式专业集群发展格局。2022年，学校专业设置与区域重点产业匹配度超过92%，与航空龙头企业共建专业比例达40%；2个专业群立项建设国家级高水平专业群，7个专业群立项建设省级高水平专业群。

二、主要做法

（一）对接航空全产业链，构建航空特色的专业集群发展格局

学校坚持走航空特色发展之路，以服务国家创新驱动、军民融合国家战略、"一带一路"倡议和陕西秦创原等行动计划为宗旨，主动对接国家航空产业链和陕西经济发展需求，构建学校专业集群发展格局。面向航空维修、航空制（智）造、航空运输与服务三大职业岗位群，按照产业背景相同、学科基础相通、技术领域相近、就业岗位相似、教学资源共享、创新协同发展的逻辑，深化产教融合，促进产业群、岗位群、专业群的有机衔接，构建了以飞机机电设备维修技术、无人机应用技术2个国家级专业群为引领，航空发动机制造技术、民航运输服务、软件技术、太阳能光热技术与应用、材料工程技术5个省级专业群协同，新能源汽车技术1个校级专业群为支撑的"251"专业群集群发展格局，实现人才培养供给侧和产业需求侧结构要素的全方位融合，整体提升对航空产业的人才支撑和技术服务能力，提升产业的核心竞争力。

（二）"产学研用"深度融合，搭建"政军行企校"协同育人平台

学校发挥国家航空高技术产业基地核心区优势，深化"三融战略"，坚持专业设置与航空产业升级同步规划，搭建"政军行企校"五方协同育人平台。校企共建产业学院，推动资源共享、人员共用、技术共研、功能互补，实现专业教学资源与行业最新技术同频共振。校企双元搭建企业生产技术服务与教育教学深度融合的集"产、学、研、用"四位一体的"技教融合"平台；坚持项目引领，校企双方开发以企业真实生产项目为载体的课程单元模块、育训结合的新型教材和数字化资源，推进校企招生招工一体化、生产育人一体化。在提升学生能力的同时解决企业生产任务难完成的问题，推进学生成才、教师成长和专业发展三位一体发展，实施人才培养模式改革。

（三）紧跟产业升级步伐，健全专业群发展动态调整体制机制

学校各专业群主动对接行业龙头企业需求，按照"物权自有、使用权共有、收益权共享"的原则，及时将企业新技术、新工艺、新规范引入课堂教学；聘请企业高工为实践导师，鼓励学校教师为企业开展技术技能服务，实现人员流动双向化；推进产业学院实体化，整合校企双主体创新要素和资源，构建产教深度融合、多方协同育人模式，实现"八共"目标。同时，学校统筹优势资源，以群建院实现专业群内管理、信息、资金等要素资源的高度共享；发挥航空行指委人才需求预测、重点就业单位职业能力评价作用，综合运用大数据、云计算等信息技术，建立航空行业人才信息收集、分析、发布和响应机制。把航空企业就业供求比例、就业质量作为学校专业群内排序调整及规模调整的重要依据。真正将航空行业龙头企业的先进设备、高端人才引进学校，将课堂及实训场地搬至企业车间，将企业技术人员聘为授课教师，将航空生产任务转化为项目式教学内容，实质性推动专业群与航空行业龙头企业协同育人。2022年，学校修订和完善了《西安航空职业技术学院高水平专业群建设管理办法》等文件制度70项。针对"双高计划"建设的重难点、"卡脖子"任务，出台了《西安航空职业技术学院"揭榜挂帅"工作方案》，学校805名专业教师主动挂帅，形成学校全员参与"双高计划"建设的良好氛围，提高专业群建设执行力。

三、成果成效

（一）集群发展，形成引领航空院校发展的专业建设新模式

学校坚持特色发展，集聚"政军行企校"五方合力，以群建院促进航空产业链、创新链、教育链与人才链四链协同发展，形成国家级—省级—校级梯式专业集群发展格局，引

领和带动全国航空类高职院校和专业群高质量发展。2022年,学校入选陕西省高水平建设学校,7个专业群入选陕西省高水平专业群;制定了《飞机机电设备维修专业实训教学条件建设标准》等国家教学标准48项;围绕专业建设申报国家级教学成果奖3项、省级教学成果奖5项;软件技术等2个专业入选工信部首批产教融合专业建设试点项目;获批国家级精品在线开放课程3门,省级6门;7本教材入选工信部"十四五"规划教材建设项目;向北京电子科技职业学院、无锡职业技术学院等50余所院校输出航空特色专业建设方案。

(二)产教融合,率先打造服务高端产业"航空工匠"新高地

坚持以生为本,落实立德树人的根本任务,以专业群建设为主要载体,构建了"厚植情怀、强化基础、突出实践、产教融通"的育人体系,率先打造以航空高端产业为主导的技术技能人才培养高地。2022年,学校成为中航工业定点招聘单位,建成中国航发"高素质技术技能人才培养基地";作为陕西唯一的高职院校成功入选首批"产教融合100强"、2022年职业教育产教融合优秀典型案例;2022年为航空企业输送人才2 000余人,到中航工业及空军装备部等航空企业就业达72%以上,涌现出"大国工匠"彭小彦等一批行业内公认度较高和起示范引领作用的人才,解决企业发展的"卡脖子"技术难题。

(三)服务创新,凸显服务国家战略和地方经济发展新支撑

学校持续深化"产教融合、校地融合、军民融合"的"三融战略",按照"整合与共享,完善与提高,创新与服务"的原则,打造人才培养与技术创新平台、产教融合平台、技术服务平台,实现科技攻关、技术推广、人才培养等功能,服务区域中小微企业技术革新,助力航空产业发展。2022年,成功获批国家自然科学基金依托单位,入选省教育厅未来产业创新研究院,在陕西高校秦创原建设工作及科技成果转移转化绩效评估中获得A+;获西北首家高校CCAR-147维修培训资质,省级高技能人才培养基地等22个资质。2022年,通过多方位保障、多渠道出招、多特色推进,学校立项国家、省级、厅级课题160余项,横向课题到款金额增长了22倍。社会服务项目达6.45万人次,服务到款增长了400余万元。

四、成果总结

学校坚持航空特色,对接航空高端产业和产业高端,深化产教融合,产学研用同频共振,建成了"四个一批",即一批融入航空产业新技术、新工艺、新规范的航空类国家级职业教学标准,一批面向整机总装、部附件修理岗位等任务式教学项目,一批新型活页式、手册式教材,一批总师引领的专兼结合双师型高水平教师团队。

案例 7

凸显航空文化引领　打造"15463"文化育人模式

摘要：西安航空职业技术学院坚持立德树人这一根本任务，统筹实施航空文化"15463"育人模式，实现航空职业素质培养的"全员全过程全方位"，打造了职业特色鲜明、航空气质外显、企业文化精神渗透的航空文化育人新路径，促进了学校科学发展。

关键词：航空文化；"15463"模式；育人路径

西安航空职业技术学院因航空而生，伴航空而长，随航空而强，"航空报国"是西航人矢志不渝的奋斗初心和薪火相传的家国情怀。学校紧紧围绕落实立德树人这一根本任务，以航空精神为代表的"五种精神"为抓手，统筹实施航空文化"15463"育人模式，形成"全员全过程全方位"文化育人的新格局，打造了职业特色鲜明、航空气质外显、企业文化精神渗透的航空文化育人体系，文化育人成果先后获得航空行指委教学成果特等奖、陕西省教学成果一等奖，为高职院校文化育人工作提供了可借鉴的经验和做法。

一、实施背景

学校创建伊始就孕育了航空产业、军工企业的血脉基因，隶属空军40年，熔铸了优良军工文化传统，植入了航空企业的文化基因。学校成立校园文化建设领导小组，具体领导和组织实施各项文化建设任务，把文化建设工作纳入学校事业发展的总体规划之中，制定了"十四五"发展文化建设专项规划。在办学过程中，学校秉持航空企业文化理念，探索实施航空文化"15463"育人模式，即以航空文化为引领，统筹推进民族精神、时代精神、航空精神、工匠精神、奉献精神这"五种精神"，进专业人才培养方案、进课堂、进教材、进头脑的"四进工程"，将航空职业素质分为职业理想、职业态度、职业能力、职业心理、职业道德、职业发展共"六个模块"，分第一学年培育阶段、第二学年塑形阶段、第三学年养性阶段螺旋递进实施，将第一课堂与第二课堂相互融通，大学文化与职业文化前置对接，将航空文化、职业精神渗透人才培养全过程，实现航空职业素质培养的"全员全过程全方位"。

二、主要做法

（一）找准航空文化融通点，培育"文化匠心"

学校在校园文化建设过程中，强化诸如诚信、守纪、敬业、团结等与企业文化有密切关联的教育内容，特别注意培养与企业员工相同的行为规范，将学生置身于一个航空人的模块环境中，完成了由职业理想到航空理想的自然心理过渡。充分利用革命传统教育资源、周边航空科技人文教育资源充沛的优势，以社会主义核心价值体系教育为主线，建立了一批思想政治教育基地，开展了民族精神、时代精神、航空精神、工匠精神、奉献精神"五种精神"的教育活动，凸显了思想政治教育的系统性、开放性和实践性，开创了全员、全程、全面育人的新格局，取得了良好的教育效果。学校是在陕西唯一一所空军、陆军定向培养军士院校，积极践行"军事化与6S管理"结合的育人模式，着力为部队培养了一批"政治合格、诚实守信、技能过硬、身心健康"的军士学员。军士学员在学生中树立了标杆和榜样，作为"行为榜样"的军士学员参与到学风、校风建设中来，形成了争先创优的"军士效应"，成为引领在校大学生践行社会主义核心价值体系的先进群体，成为学校的一张亮丽名片。

（二）抓住文化建设控制点，助力文化传承

学校通过创建航空科技馆等文化传播平台，依托蓝翔航模社、国旗护卫队等特色社团，开展航空社团文化活动，建设文化育人的"新品牌"。学校以航空科技馆为依托，把航空精神教育融入教学环节之中，通过中国航空史、世界航空史的展厅把航空科技教育同航空人文知识教育、爱国主义教育等融为一体，在专业课教学的同时，进行了爱国主义精神熏陶和航空精神教育，引导学生献身航空事业，立志航空报国。在开辟校园文化传播新阵地方面，学校紧跟时代步伐，创建了独树一帜的官方微博平台、特色鲜明的微信公众号等新媒体平台，做到了新媒体有态度、有作为、有推广、有力量，传播了丰富多彩、类别多元的学生关心的信息与资源，培养了学生中正能量的意见领袖，围绕学校、学生、学习三大主题，普及航空文化、传播人文关怀、践行学做合一、发挥新媒体辐射功能，成为航空文化传播、特色专业建设、正能量输出的文化育人平台。

（三）重塑人才培育测评点，推进文化育人

学校推出《学生综合素质测评实施办法》，测评内容主要包括学业素质教育、思想道德素质教育、职业素质养成教育、身心健康素质教育、特色文化素质教育、创新创业能力素质教育。以测评成绩作为评定各类奖学金，评选三好学生、优秀学生干部，学生入党和就业单位招聘的依据。综合素质测评体系的推出，打破了以往唯成绩论和以考试为中心的单一化评价体系，引入了更为科学、全面的标准，使学生在思想养成、行为约束、文体身心、创新创业等多方面得到促进，使得育人体系评价指标更加丰富、科学。

三、实施成效

(一) 人才培养成效持续提高

学校以课程体系建设为切入点,进一步优化人才培养方案,探索教学方法、方式、手段的改革,学校教育教学水平和人才培养质量大幅提升,学生综合素质、职业素养以及对专业的认同感、就业的适应性、企业文化的价值归属感显著提高。通过对毕业生的跟踪调研,约90%的毕业生深入到航空一线、扎根基层,2022届毕业生在世界500强企业就业的人数占比为33.96%,企业评价和满意度较高。

(二) 师生文化自信明显增强

航空特色鲜明的学校文化为产教融合、校企合作插上了文化的翅膀,增强了发展道路自信,办学路子越走越宽阔。近年来,学校打造了"航空科技馆""军士军事文化"等10余个特色鲜明的文化品牌,与中国航发北京航空材料研究院等企业共建"中航工业检测及焊接资格认证管理中心"等8个高水平的校企合作生产性实训基地,建立了220个校外实训基地,与中航通飞、中航西控、5702工厂等开设百余个"订单班",切实提高了全校师生的文化自信心。

(三) 学生综合素质有力提升

通过营造航空氛围、宣传航空人物、普及航空知识,用航空精神感染学生;通过培养学管队伍、引导社团发展、丰富文体活动,用校园文化陶冶学生;通过规范实训组织、融入企业元素、严格考核标准,用技能竞赛磨炼学生。2022年,学生技能大赛获国赛一等奖2项,省级以上奖项77项,"互联网+"大赛、"挑战杯"竞赛获国家级奖项4项,毕业生代表入选新华社"守望复兴的巨匠"系列报道。

(四) 航空文化辐射成效凸显

学校文化育人实践和做法得到社会各界的高度关注和评价,对同类院校产生了重要的示范推广效应,被教育部授予2022年度全国职业院校校园文化建设"一校一品"学校。学校先后在全国高职高专书记论坛、全国职业院校文化育人高端论坛等会议上交流文化育人成果和做法40余次,《中国职业技术教育》杂志以《融航空报国精神,绘一流高职图景》为题做了深度报道,社会影响广泛。

四、经验总结

学校航空文化育人实践,注重航空产业与高职教育在文化上的对接融合,推进文化育人链与专业培养链的有机融合，实现了"培育有抓手""践行有载体"，探索出了一条具有航空特色、传承军工基因、体现工匠精神的高职教育文化育人的新路径，产生了良好的示范和推广价值。学校将在厚积航空文化精神的基础上，结合高职教育特点，以文化人、以文育人，不断创新富有航空文化特色、传承航空工匠精神的高职院校文化育人体系，持续完善以"三全育人"为主线的文化育人格局，推动高职文化育人模式的系统性、综合性改革。

案例 8

小社区大阵地　打造学生多维成长新空间

摘要：学生公寓是学生生活和学习的场所，更是高校重要的育人阵地。学生公寓管理关系着大学生思想政治教育工作的成效，学生身心健康发展和行为习惯的养成。无人机应用技术专业群在推进"一站式"学生社区综合管理模式建设中，贯彻"以生为本"的管理理念，从育人环境、育人理念、育人模式等方面构建起"三位一体"的学生社区教育管理文化，将学院管理经验转化为机制创新，将资源优势转化为育人优势，形成了社区育人文化，进一步夯实全员、全过程、全方位的育人格局。

关键词：学生社区；一站式；以生为本；社区文化

习近平总书记在全国高校思想政治工作会议上强调："做好高校思政工作，要因事而化、因时而进、因势而新。要遵循思想政治工作规律、遵循教书育人规律、遵循学生成长规律，不断提高工作能力和水平。"他在讲话中深刻指出，高校思想政治教育工作从本质上来讲是做人的工作，要围绕、关照和服务学生。他的讲话揭示了当前和今后一个时期内高校思想政治教育的工作方向、实践要点和育人规律。探索高校"一站式"学生社区综合管理模式，是在科学遵循思想政治工作规律、教书育人规律、学生成长规律的基础上落实习近平总书记重要讲话精神的科学实践，也是提升高校学生教育管理服务工作水平的有益举措。无人机应用技术专业群以"一站式"学生社区综合管理模式建设为抓手，聚焦三大功能、实施五项工程、下沉五支队伍，积极打造"三全育人"综合改革新平台、新阵地、新载体，努力培养堪当民族复兴重任的时代新人。

一、主要做法

"一站式"学生社区建设的最终目标，归根结底还是培养堪当大任的时代新人。因此，综合管理模式的构建必须贯彻"以生为本"的管理理念，让管理机制、管理路径、管理手段的创新紧紧围绕着育人。无人机应用技术专业群在"一站式"学生社区综合管理模式建设工作中，开展了聚焦三大功能，实施"五育"工程，打造五支队伍的探索实践，三位一体，并举发力（如图 1 所示）。

（一）聚焦三大功能，构建沉浸式社区育人新环境

聚焦基层党组织战斗堡垒核心功能，践行"支部建在防疫一线，党旗飘在青春校园，

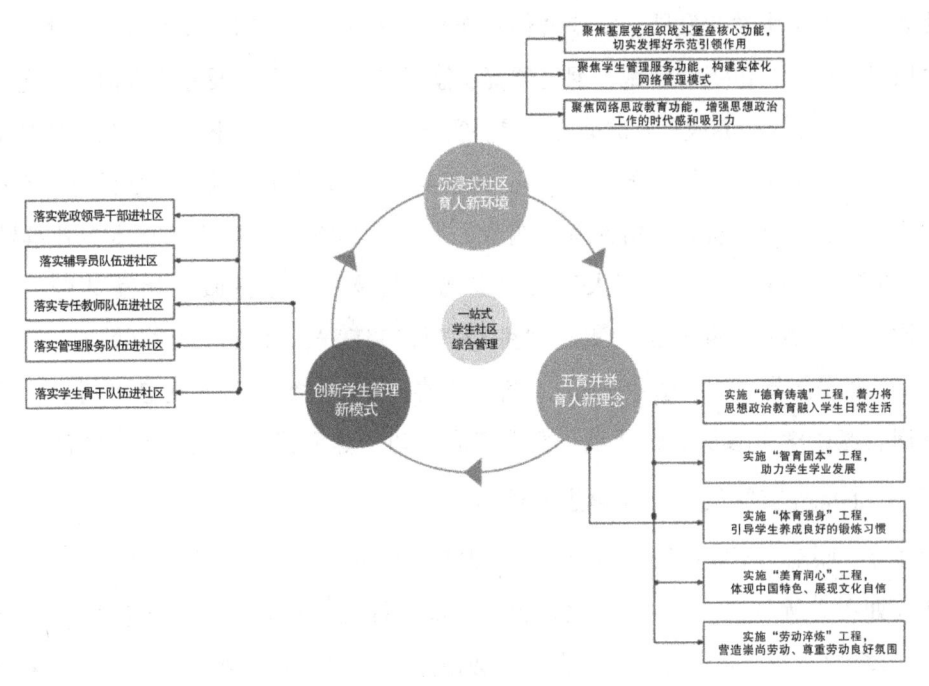

图 1 "一站式"学生社区综合管理

身份亮在志愿岗位，党员冲在防疫前沿"的初心使命。为学生党支部开辟专门空间，提供学习、交流、实践场所，不断拓展党员活动形式。设立党员先锋岗，切实发挥好学生党员的示范引领作用。建设"党史文化墙""党史微空间"等区域，大力营造红色文化氛围，努力将学生社区打造成为学生党建的前沿阵地，不断增强党建育人的成效。聚焦学生管理服务功能，构建实体化网格管理模式，完善楼长、楼层长、宿舍长三级管理体系；设立心理辅导站，深入开展团体辅导、个体咨询、一对一深度辅导等服务，普及心理健康知识，帮助学生解决相关问题，全力为学生健康成长保驾护航。聚焦网络思政教育功能，成立易班发展中心分站，强化"通小航"官微建设，推动网络思政教育与传统教育、易班文化与学校特色文化互融互通，切实增强思想政治工作的时代感和吸引力。无人机应用技术专业群在易班平台积极开展思政教育、传统文化、疾病防控、科普知识、易班优课等多项独具学院特色的活动项目，将学校"围绕学生、关爱学生、为了学生"的育人理念传递到每个学生心中。

（二）实施五项工程，践行"五育并举"育人新理念

实施"德育铸魂"工程，定期放映爱国主题电影，打造通航大讲堂、系列文化讲座等思政育人品牌，深入社区、楼宇、寝室等，广泛开展主题党日、团日活动，着力将思想政治教育融入学生日常生活中。实施"智育固本"工程，搭建专业课程答疑、技能大赛辅导、学业分享交流等平台，加强学风建设；组织开展"博学笃行，乐学善思"学业结对帮扶等活动，助力学生学业发展。实施"体育强身"工程，依托阳光体育特色活动，持续推进体育项目进社区，组织校园跑、羽毛球赛、篮球联赛、素质拓展等体育活动，充分调动学生积极性，引导学生养成良好的锻炼习惯。实施"美育润心"工程，无人机应用技术专业群美育志愿者服务队以"发现美、创造美、传递美"为追求目标，把专业建设与"奉献、友爱、互助、进步"的志愿服务精神有机融合，形成了具有无人机应用技术专业群特色的"感恩、责任、忠诚、奉献"育人理念，实现职业技能与志愿服务相互结合、相互促进、共同提升，展现文化自信。实施"劳动淬炼"工程，开展"工匠精神"主题系列宣讲、"宿舍文化节""职教活动周""科技之春""三下乡"等主题教育活动，设立志愿服务岗，激励学生参加实践活动，营造崇尚劳动、尊重劳动、热爱劳动的良好氛围。

（三）下沉五支队伍，创新学生管理新模式

加强统筹联动，不断将管理力量、思政力量、服务力量下沉到学生中间，服务学生成长成才（如图2所示）。一是落实党政领导干部进社区，校领导为学生讲授"开学第一课"，各二级学院书记院长定期为学生上形势政策课，相关职能处室领导班子与联系班级结对联学，努力把思想政治工作做到学生心坎上。二是落实辅导员队伍进社区，组建"驻楼辅导员"队伍，不断强化对学生的政治引领、思想辅导和日常管理，将思想政治教育贯穿人才培养全过程各方面。三是落实专任教师队伍进社区，组建学业导师团队，定期参与班级活动，在学生学业、企业需求、行业前景等方面给予成长指导。四是落实管理服务队伍进社区，畅通沟通渠道，及时反馈、满足学生合理需求，落成"一站式"综合服务大厅，切实提升学生社区服务质量和水平。五是落实学生骨干队伍进社区，组建学生自我管理团队，进一步发挥学生主体作用，依托学生社团组织，组织学业、体育、美育等特色项目，助力学生综合素质全面提升。

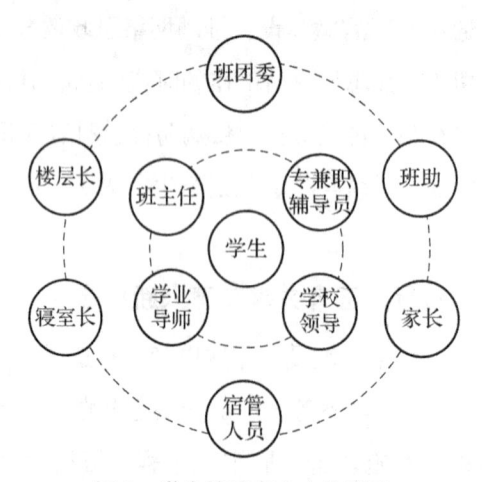

图2 学生社区多方主体联动

二、成果成效

（一）夯实党建阵地，实现价值引领

无人机应用技术专业群依托"一站式"学生社区，积极培育创建"党建工作样板支部"，扎实突出政治功能，2022年获批国家级样板党支部1个、省级活力团支部1个、校级样板党支部1个，充分发挥了基层组织的战斗堡垒作用和党团员的先锋模范作用。通过解决学生存在的思想困惑和实际困难，对学生进行教育管理，对特殊或高危学生进行跟踪管理，近年来学生中各类心理危机问题明显下降。

（二）整合育人资源，形成育人合力

无人机应用技术专业群通过构建"一站式"学生社区，聚合党建、教学、行政、科研、团委、后勤、学工等育人资源，在同一场域开展思想政治教育，各育人要素、育人资源之间相互联系、相互作用、互补短板，形成共振效应。

（三）升级育人形式，提升社会认可

"一站式"学生社区打破传统格局，通过践行"一线规则"，实施五方共育，学校领导、优秀教师、优质资源主动走出办公室，走下课堂，走进学生生活场域，学生对学校工作有了深层了解，对各项服务满意度有了显著提升，满意度达93%。同时，打通了家长与学校的沟通渠道，对学生在校期间各项活动开展以及未来发展有了更多了解和认识，通过问卷调查，家长对学校的品牌认可度为91%。

三、经验总结

无人机应用技术专业群"一站式"学生社区建设今后还要在以下几个方面进行积极探索：一是如何真正走进大学生的内心，真正读懂青年的关切与焦虑，并且做实青年大学生的思想政治工作；二是学生社区建设在现有的硬件条件下，坚持问题导向循序渐进，科学合理规划空间布局；三是如何更好发挥思政教育、思政课程、课程思政"三支箭"的协同效应，让三支队伍能够在信息对称的基础上精准地上传下达，成为沟通学生与学校之间的桥梁，最终实现打造出富有航空类高职院校特色、体现思政工作要求、贴近学生实际的教育管理服务社区，形成全员全过程全方位的育人格局。

第二部分

深化教学改革 提高育人水平

案例 1

能学辅教　能育能培
——空中乘务专业国家教学资源库建设案例

摘要：2019 年 11 月教育部立项的职业教育空中乘务专业国家级教学资源库投入使用以来，用户总数为 15.1 万人，较立项之初增加了 5.3 倍，其中活跃用户比例为 95.67%。空乘资源库能学辅教、能育能培，已成为用户自主学习的平台、企业宣传的窗口、社会培训的园地、技术交流的社区和人才供需的桥梁，为提高全国高职院校民航服务类专业人才培养水平提供了良好的资源保障。

关键词：空中乘务；资源库；民航服务类专业；能学辅教

一、过程和基本做法

（一）为用而建，服务民航服务产业，培养民航服务人才

空中乘务专业国家教学资源库项目于 2019 年 11 月教育部批准立项，主持单位为西安航空职业技术学院、长沙航空职业技术学院、武汉职业技术学院。项目紧密对接我国民航服务产业，以先进的职业教育理念为指导，以提高空中乘务专业人才培养质量为根本，以提升专业服务产业能力为目的，整合国内外院校、企业等合作单位的力量，通过系统化设计，建成了内容丰富、技术先进、功能强大，具有"泛在化、国际化、开放化、精品化"航空服务特色的专业教学资源库。项目构建了一个共享共用、互融互通、易扩易用的资源库平台，开发了一套可持续发展平台的空中乘务专业及相关民航服务类专业群课程体系，建设了包含 60 门智慧职教课程、62 门 MOOC、1 288 门职教云课程的共享型专业教学资源库，完成各类资源数量 13 724 条（其中题库 6 465 条）。开设服务学生、教师、航空企业员工、社会学习者用户的专用频道，构建了一个融民航服务专业人才培养、技能训练、课程开发、航企信息发布、职业培训于一体的开放式数字化专业服务平台；构建了开放型、共享型的学习社区，满足了四种用户不同层次的学习需求，实现了资源的有效共享；建立了资源库持续"保鲜"机制，确保资源的动态更新。空中乘务专业教学资源库目前各类注册用户总数为 151 001 人，已成为用户自主学习的平台、企业宣传的窗口、社会培训的园地、技术交流的社区和人才供需的桥梁，为提高全国高职院校空中乘务专业人才培养水平提供了良好的资源保障。空中乘务专业资源库建设流程如图 1 所示。

论证与规划 2016.6—2017.6	初建与申报 2017.6—2019.6	全面建设应用 2019.6—2021.12	优化提升 2021.12—2022.12	验收及持续更新 2022.12—
1.资源库建设现状调研； 2.组建项目建设团队； 3.资源库架构及专业群架构设计； 4.应用门户及个性化频道设计； 5.课程体系设计； 6.开发资源标准	1.初步完成平台建设，调试、完善6个子库； 2.收集、制作、上传、审核资源； 3.组织师生在线注册课程资源学习； 4.利用现有资源搭建课程，实行线上+线下混合式教学模式； 5.申报国家教学资源库项目	1.建立大平台模式的专业架构； 2.6个应用子库； 3.智能化、个性化、开放化的应用门户； 4.网络视频教学资源； 5.资源质量评审机制； 6.可持续发展机制； 7.推广应用	1.6个资源子库的优化； 2.应用平台优化： *软硬件基础平台； *门户网站； *个性化频道； 3.推广应用优化	1.完成总结报告； 2.完成系统测试（包括功能测试、压力测试、安全测试等）； 3.整改完善 4.持续更新、推广和应用

图 1 空中乘务专业资源库建设流程

（二）定位清晰，服务职业教育，服务人才培养

面向空中乘务专业及专业群相关专业领域，联合航空企业、国内领先的职业院校，建设资源丰富、结构合理、支持个性化学习的教学资源库（如图 2 所示），打造形成以学习者为中心，覆盖民航服务业全产业链生产要素，融合航空产业转型升级的最新技术，集聚全国空中乘务专业优势资源，国内一流、具有国际影响力的空中乘务教学资源库，服务现代航空产业转型升级。项目建设期间，建设 36 门标准化课程、50 个典型工作任务、13 000 条颗粒化资源，保持每年 10%的资源更新率，形成"共管、共建、共享、共赢"的可持续发展机制。

图 2 空中乘务专业教学资源库平台

1. 搭建资源共建共享平台，提升专业人才培养质量

空中乘务专业教学资源库建设是在中国特色社会主义新时代下对职业教育提出新要求的环境下构建的，致力于服务产业发展和区域经济发展，围绕我国民用航空发展需求、

"一带一路"经济区经济建设发展需要，培养具有较高的政治素质、文化素质、专业素质和身体素质，熟练地掌握航空运输服务操作与管理的专业技能，掌握必要的航空服务专业技能（包括服务意识、服务态度、沟通协调能力、服务能力、语言能力等），能够适应高端产业和产业高端需要的从事民航运输服务及航空延伸服务的高级技术应用型专门人才。

2. 融合空中乘务专业与信息技术，满足终身学习

为空中乘务专业建设提供整体解决方案，先进、实用、通用、开放的教学资源库为职业院校民航服务类专业的人才培养、专业建设、实验实训、师资队伍建设提供了指导性资源。使全国的高职院校可以借助资源共享平台，了解教学改革动态、学习教学改革经验、紧跟教学改革步伐，建立起先进的人才培养模式，降低联建院校调研考察的资金投入，缩小不同院校间人才培养水平差距，实现资源共享，带动和推动全国所有开设空中乘务及民航服务类专业的高职院校专业教学模式和教学方法改革，提高空中乘务专业（群）的职业教育整体水平。提供空中乘务专业一体化解决方案，教师通过资源共享平台可以获取丰富的教学案例、掌握行业技术发展的最新动态、学习优秀的教学经验，从而提高理论知识水平、增加专业实践经验、增强教学组织能力、强化教学责任心，最终达到提高教学质量的目的；学生通过资源共享平台可以学习课堂上教师没有讲到的内容，学习符合个性化要求的知识，了解个人职业生涯应具备的技能，了解就业单位的资讯，实现自我学习和终身学习。

3. 提高空乘从业人员素养和技能，为航空服务产业转型升级助力

目前承办空中乘务专业的各类院校有 600 多所，由于空中乘务岗位用人标准的特殊性，尽管各院校都是依据岗位用人的基本要求和岗位技能来进行课程设置和专业建设，但是教学中出现了许多亟待解决的具有共性的问题，如：空中乘务专业的办学没有统一的教学标准，缺乏可依据和借鉴的成功例子；由于各航空公司企业文化、使用机型的差异，课程体系有待进一步完善，以体现就业导向；校内的实践性教学环节及共享性教学资源有待完善；课程和教材建设总体水平有待提高；师资队伍整体素质不能适应专业建设的需要；产学合作长效机制不健全；国际化人才短缺。通过空中乘务专业资源库的建设，校际专业、行业企业联合，制定文本、音视频、演示文稿、虚拟动画等各类资源建设的统一规划和标准，整合、嫁接、改进现有专业教学资源，结合专业教学、行业企业培训需要开发制作适合网络学习的数字化资源，从而为民航从业人员提供全面、丰富和不断更新的技术培训和民航运输法律法规教育等服务，提高空中乘务的岗位技能，增强民航服务类从业者的服务意识，加快航空服务行业的健康发展。

4. 服务经济发展和产业结构调整，提升社会服务能力

空中乘务专业教学资源库主动适应经济发展需要，以服务区域经济发展和产业集群建

设为宗旨，为战略性新兴产业的发展和产业结构优化升级培养高素质技能型专门人才；以航空服务产业链为主线，借助支撑的专业群，发挥群体优势，在产业结构和市场需求动态发展中，使专业群形成滚动式发展模式，进而实现专业调整和可持续发展。以国家示范校、"双高校"、航空企业为核心组成联合申报团队，共同建设空中乘务专业教学资源库，通过建设包含空中乘务专业标准化课程、个性化课程、微课等学习资源，建设航空服务资源共享平台、"一带一路"航空服务走廊，形成拥有13 000余条素材的空中乘务专业教学资源库，并面向国内及"一带一路"共建国家的在校学生、教师、企业及社会人员开放，发掘"走出去"企业人才需求，探索国际技术服务走廊，培养有国际视野、通晓国际规则的专业技术人才和海外本土人才，扎扎实实地为国家"一带一路"建设添砖加瓦，加油鼓劲。空中乘务教学成果也在资源库的建设过程中辐射发展到"一带一路"共建国家，与共建国家开展教育教学合作，推广中国的航空服务类职业教育教学的成功经验，领跑"一带一路"共建国家的空中乘务专业建设与发展，培养出符合社会需要的实用型人才，从而提升资源库的社会服务能力。面向用户的学习型空中乘务专业教学资源库实施架构如图3所示。

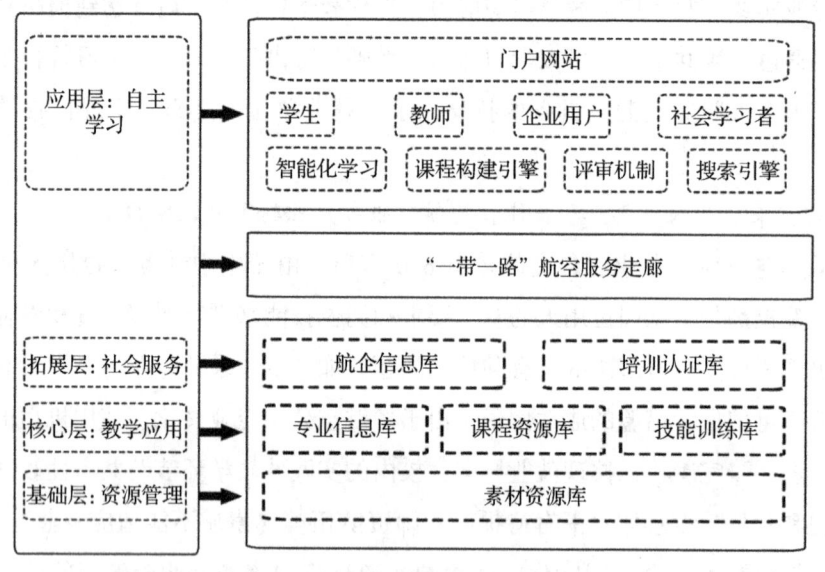

图3　面向用户的学习型空中乘务专业教学资源库实施架构

（三）服务一线，体现公共资源，发挥最大效益

一是提升资源利用率。开发"1+X"空中乘务、民航旅客运输类培训、师资培训、考评员培训、职业技能鉴定、职业技能竞赛等相关培训课程。二是打通资源壁垒。政府、院校、行业教育培训纷纷采用资源库作为教育培训的核心资源，全国空中乘务专业"星空联盟"、全国空中乘务专业职业技能大赛、西部机场集团等都将资源库作为重要资源。三是发挥最大效益。通过资源库"时时可用、处处可学、人人皆学"的特点，较好解决了民航服

务类专业教育线上资源不足、企业员工培训时间不充分、社会人员线上资源较分散等问题。

二、成效与思考

（一）注册学习人数猛增 10 万人以上，活跃用户比达 95%

自 2020 年 2 月至今，高效率高质量的学习资源上线之后，受到了广大师生的欢迎，空中乘务专业国家级教学资源库新增用户总数超过 10 万人（如图 4 所示）。课程资源除了参建院校使用，还被全国包括中国民航大学、成都航空职业技术学院、湖南铁路科技职业技术学院、上海民航职业技术学院等国内 1 000 余所中高职院校和企业引用和使用，创历史新高。

年用户总量统计

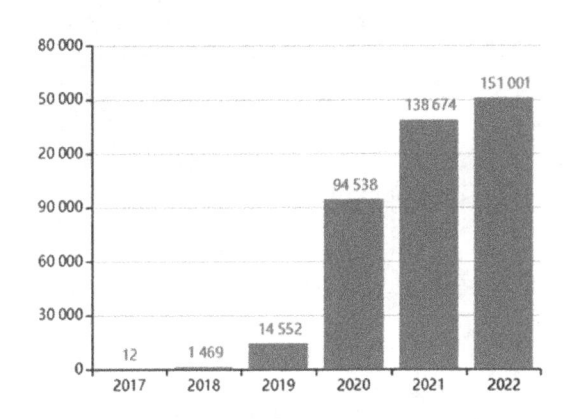

年份	用户数
2017	12
2018	1 469
2019	14 552
2020	94 538
2021	138 674
2022	151 001

年学生用户总量统计

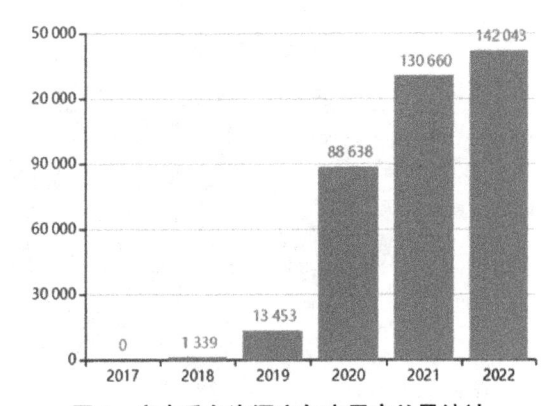

年份	用户数
2017	0
2018	1 339
2019	13 453
2020	88 638
2021	130 660
2022	142 043

图 4　空中乘务资源库年度用户总量统计

（二）服务社会功能增强，用户满意度达 90% 以上

为了使资源库发挥更大的效益，空中资源库中国航空运输协会、中国民用航空西北管理局、航空行指委、陕西省航空职教集团、中国商用飞机有限责任公司等参建单位共建共享，

在线学习人数 13 万多人（如图 5 所示）。用户满意度较高，学生用户满意度为 98%，企业和社会学习者用户满意度为 95%，教师用户满意度为 97%。

▎学习者类型分布人数统计

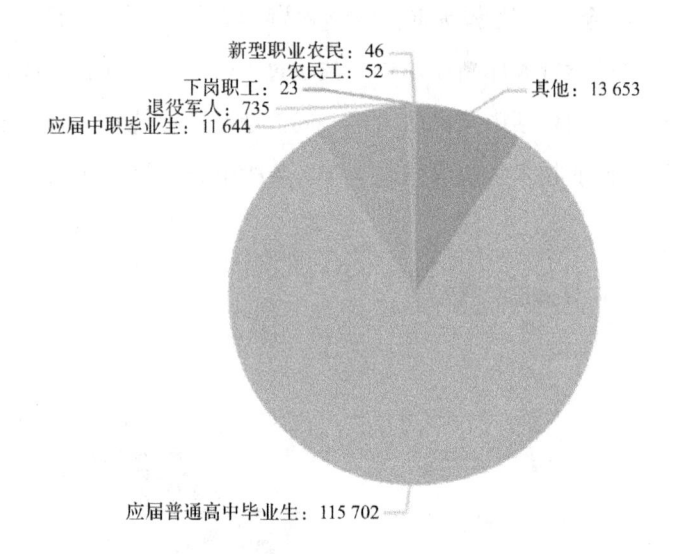

新型职业农民：46
农民工：52
下岗职工：23
退役军人：735
应届中职毕业生：11 644
其他：13 653
应届普通高中毕业生：115 702

▎学习者类型日志分布

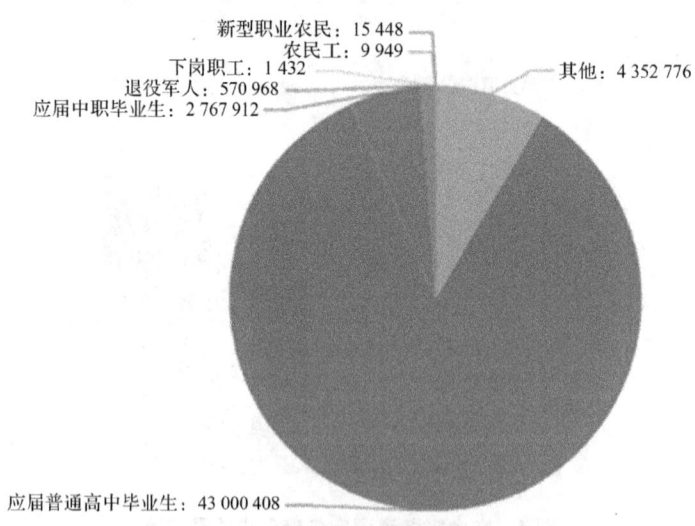

新型职业农民：15 448
农民工：9 949
下岗职工：1 432
退役军人：570 968
应届中职毕业生：2 767 912
其他：4 352 776
应届普通高中毕业生：43 000 408

图 5　空中乘务资源库服务不同的学习者

（三）持续维护更新，打造优秀国家级教学资源库

在民航服务产业数字化转型、疫情常态化、百万扩招等大背景下，空中乘务专业资源库以定位清晰、内容丰富、形式活泼、简明实用等优势，助力"1+X"制度试点、民航

服务类专业教学、师资知识更新、空中乘务培训、民航服务从业人员自我学习、乘务技能人员专项培训等，在 203 个国家级资源库建设方面发挥了不可替代的作用。资源库的生命力在于持续不断地更新与优化，以最新、最有用的、最直观、最好用的资源吸引学习者，增加用户黏性、个性化体验和持久的关注力，努力打造国家级金牌资源库。让更多人特别是民航服务行业从业人员、职业院校的师生、社会学习者能够知道资源库，会用资源库，用好资源库。

三、经验总结

以《教育部办公厅关于建立职业院校教学工作诊断与改进制度的通知》（教职成厅〔2015〕2 号）和《关于印发〈高等职业院校内部质量保证体系诊断与改进指导方案（试行）〉启动相关工作的通知》（教职成司函〔2015〕168 号）为指导，以实施内部质量保证体系诊断与改进制度为抓手，以深化创新创业教育改革为突破口和着力点，通过空中乘务专业教学资源库的建设加速院校教育信息化建设，大力推进高职院校创新发展和内涵建设，促进学校的人才培养质量、技术研发服务成效和社会影响力再上新台阶，全力推动高职院校的持续健康发展（如图 6 所示）。

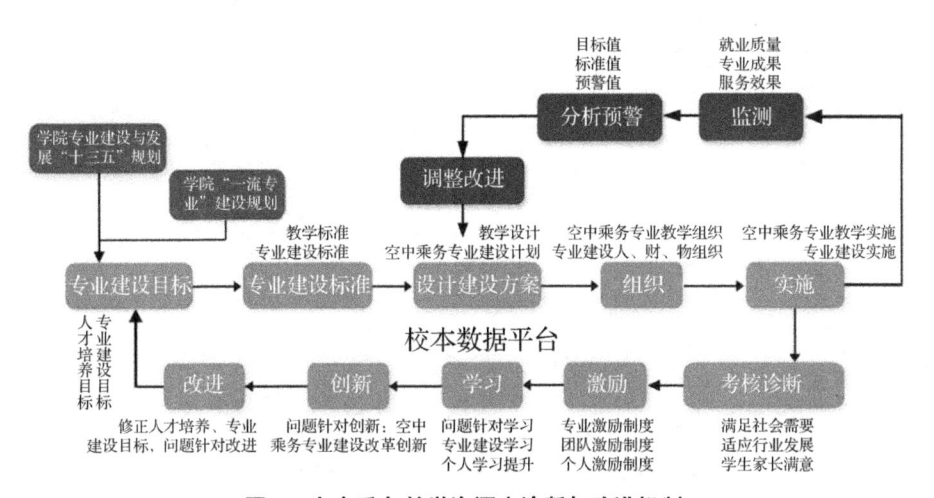

图 6 空中乘务教学资源库诊断与改进机制

空中乘务专业教学资源库为广大学习群体提供丰富、灵活、多样、个性化的学习方式与手段，实现面向人人、各得其所的目的。空中乘务专业教学资源库的建成有效拓宽了学生的学习渠道，使学生学习突破时间和空间的限制，为学生提供多种教学方法和多元化的评价方式，引导学生转变学习方式，使学生能够根据需要进行积极、主动、针对性的学习，从而提升学习效率。其主要特色：一是构建了开放型学习平台，空中丝绸之路助力国际交流与合作；二是以"信息技术+"为中心展开教学活动，广泛应用线上线下混合教学；三是接轨了 IATA 乘务培训标准，用国际化的视野探索人才培养模式与资源转化；四是坚持产教融合，推进资源标准化、系统化建设；五是深化了积件式教学模式，最大限度地满足个性化需求；六是创新了教育教学方法，培育"三师"师资队伍。在未来的建设过程中，空中乘务专业教学资源库将继续发挥其作用，为"双高计划"建设贡献自己的力量。

案例 2

深化联教联训育人机制　吹响士官课程革命号角
——以"飞机钣金成形技术"课程改革为例

摘要：西安航空职业技术学院作为定向士官培养试点单位之一，已经为军队培养了大批高水平技能型士官人才。学校立足学生全面发展，破解"军地两用"难题，充分发挥"军企校"三方优势，探索从重构教学内容到信息资源共享、从教学组织形式优化到传统评价体系改革的全过程多维度定向士官联教联训式教育教学新模式。

关键词：定向士官生；教育改革；联教联训式教学模式；课程改革

一、实施背景

定向培养士官是贯彻党在新时代的强军目标、军民融合国家发展战略的重要举措，经过多年的探索与实践，取得了很大的成绩。但随着形势的发展，部队对士官人才的要求越来越高。2019 年 5 月 21 日，习近平总书记提出，军校教育要"面向战场、面向部队、面向未来""做到打仗需要什么就教什么、部队需要什么就练什么"。习近平总书记"三个面向"指示，为地方高校通过军民融合方式为部队定向培养士官指明了方向，提供了遵循依据。

教学团队结合"三教"改革深入推进的时代背景，紧密围绕高等职业教育高质量发展趋势，以定向士官岗位需求为导向，探讨了联教联训式教育教学改革新模式，助力学员全面发展、终身成长。以"飞机钣金成形技术"课程为载体，探索了从重构教学内容到信息资源共享、从教学组织形式优化到传统评价体系改革的教学新模式。

二、主要做法

在"三个面向"指示的引领下，通过对技术技能型定向士官生课程体系的改革，实现校、军、行三方联动，将士官生未来"岗位需求"和"学生学习特点"有机融合，做到为战育人。教学团队从内容体系、资源共建、教学方法、考核评价四个方面对专业士官职业技术教育联教联训联考的实施路径进行了改革探索。

（一）破解"军地两用"难题——依岗重构教学内容

在职业教育"校企合作、工学结合"人才培养模式的总体指导思想下，军、企、校共同根据机务士官岗位的专业技能需求，针对岗位必须掌握的技能点，将传统的教学内容进行科学性重构。如图1所示,重构方案以部队岗位需求为导向,以行业规范、标准为依据,将实际的岗位工作任务转化为一系列专业课程;在理论知识方面,以"必需""够用"为原则,优化教学内容;实践技能方面,引入工程项目并进行教学化处理,使之成为适合教学的学习型项目。整个教学环节中,理论和实践交替进行,让师生双方边教边做,丰富课堂教学和实践教学环节。

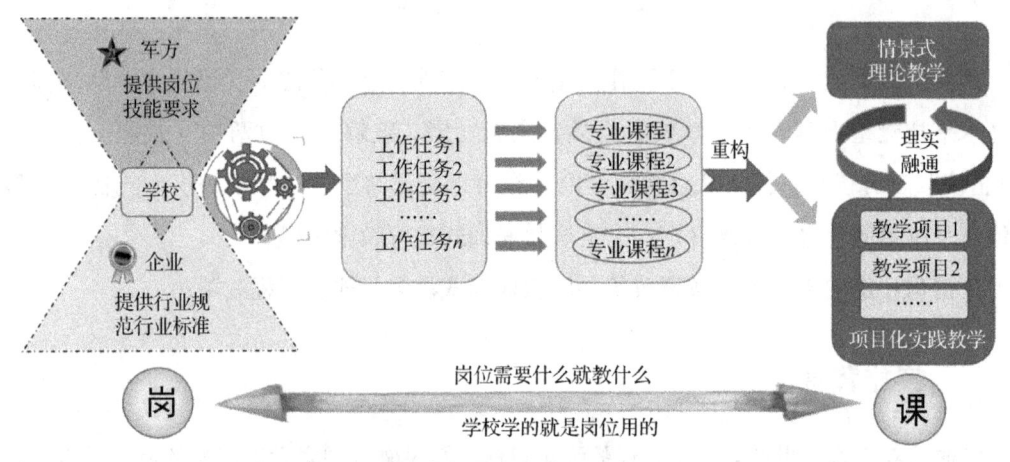

图1　教学内容重构思路

教学团队以真实士官岗位需求、学生学习特点为根本,以《飞行器数字化制造技术专业国家教学标准》(代码:460601)和行业标准为依据,对接空军装备修理的飞机铆装钳工、飞机钣金工、发动机装配工等典型岗位,围绕典型工作岗位要求制定核心课程内容,(如图2所示)。通过调研军机制造厂、修理厂及部队军机修理单位,梳理出本专业对应岗位群的典型工作过程,在教学设计时以工作过程为主线,以学生为中心,教师引导学生动手实践,以项目任务为引领,提升学生自主学习能力和动手能力。

通过教学内容重构,以专业标准、教学大纲为依据,结合军企调研结果,挖掘在完成典型工作中所需的理论知识与实践技能方法,并在专业知识传授中根据不同学情制定教学重难点;同时注重军事素养的提高,融入精益求精、工匠精神等课程思政元素,培养新时期符合企业岗位需求的具有军事素养的高素质技术技能人才(如图3所示)。

(二)贯彻"三方共育"理念——共建共享信息资源

为了更好更有效地实现教学资源共享,发挥军、企、校三方优势,教学团队积极探索共享共建信息资源新模式。与军方、兄弟院校共建飞行器维修技术专业国家级教学资源库,相互提供理论研究和教学训练实践成果。针对具体教学内容,融入"发动机装配""飞机机械系统装配""1+X"职业技能等级证书标准,坚持"以生定教"的原则,发挥以学生为主体的教学设计,通过资源共享,动态融入新工艺、新方法、新规范。优化现有

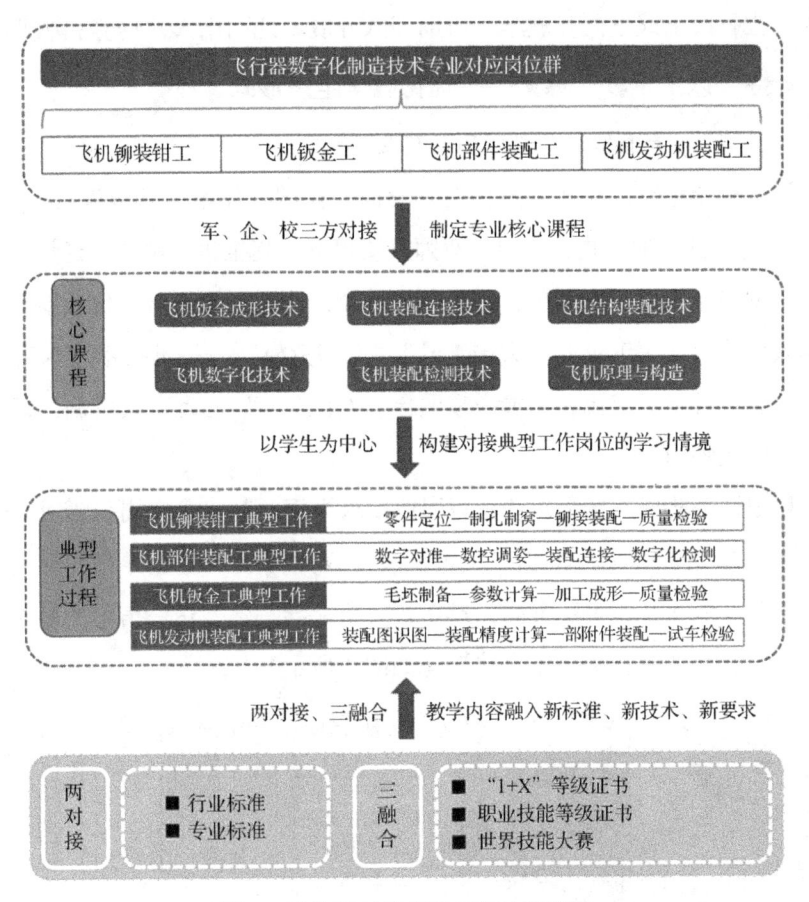

图 2　岗位群对应典型工作过程重构

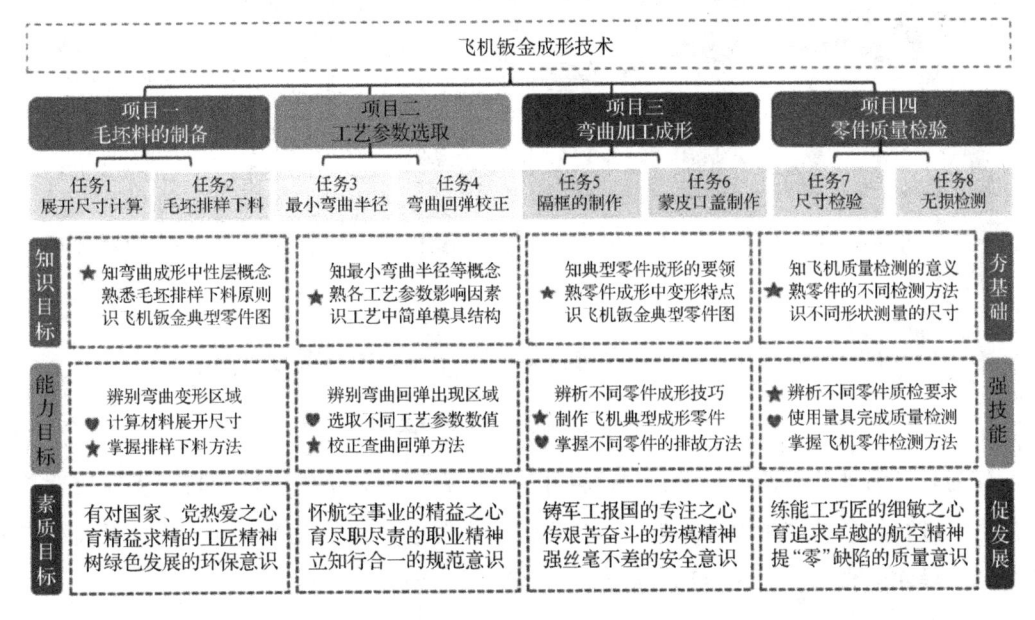

图 3　"飞机钣金成形技术"课程单元教学三维教学目标制定

的教学资源，推行线上线下同步教学，协助部队开展军地两用人才培养和职业技能鉴定。

（三）坚持"以生定教"原则——优化教学组织形式

1. "内培外引"，专兼结合式教师团队优化

军方指导院校专家制定人才培养方案，设计专业课程体系，完善课程教学质量标准。校方通过"内培外引"的方式，对内以双师素质提升工程推进教师队伍建设，学校教师需密切关注军企发展，通过深入部队、企业生产一线，把握机务士官岗位最新动态；对外利用独特的地域优势引入军工企业"大国工匠""全国劳模"等一批技术"大咖"以及优秀士官典型对学生进行指导交流，完善产教融合、"军校企"三元育人机制，组建专兼结合的校内外双导师教师团队。

专业课程根据部队以战场需求和任职岗位要求为纲，基于真实岗位需求，依照教学内容及学生学情，参照实际工作流程，设定军、企双方构成"企业导师"和"学校教师"双导师教学团队，依托合作企业资源，建立起"析—导—强—达—拓"的教学流程，并在企业真实生产岗位上开展理实一体化教学（如图4所示）。

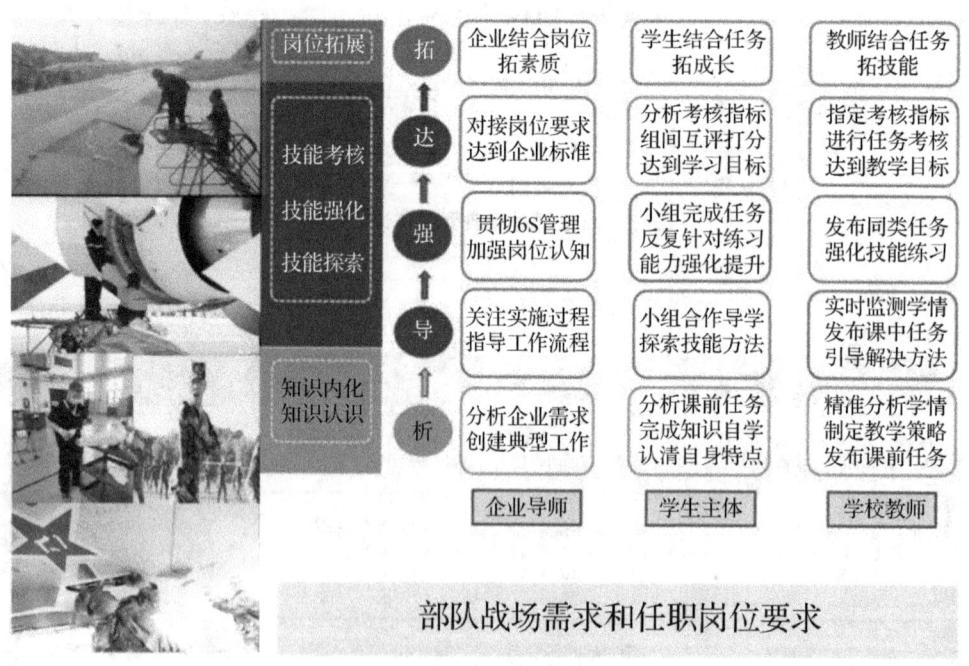

图4 双导师制教学模式

作为教学活动开展的主导者，学校教师应具有在理论教学中以学定教、优选教学方法的能力，进行特色的课堂设计，将部队的岗位能力要求分解成教学要点，适时引入军工企业导师指导实践教学，与学生形成良好的互动。

2. "闯关晋级"，理实一体化课堂过程改革

为了充分实现以实战为本的原则，改变传统授课方式，采用任务驱动法、合作探究

法、情境教学法等教学方法，模拟岗位真实任务，创设"闯关晋级"式教学流程，调动学生的学习积极性（如图5所示）。以真实岗位工作内容作为载体，按照岗位实际加工流程为依据，设计递进式任务，理论实践交融，实现"边教边练边学"，激发学生的主动参与和探究精神。

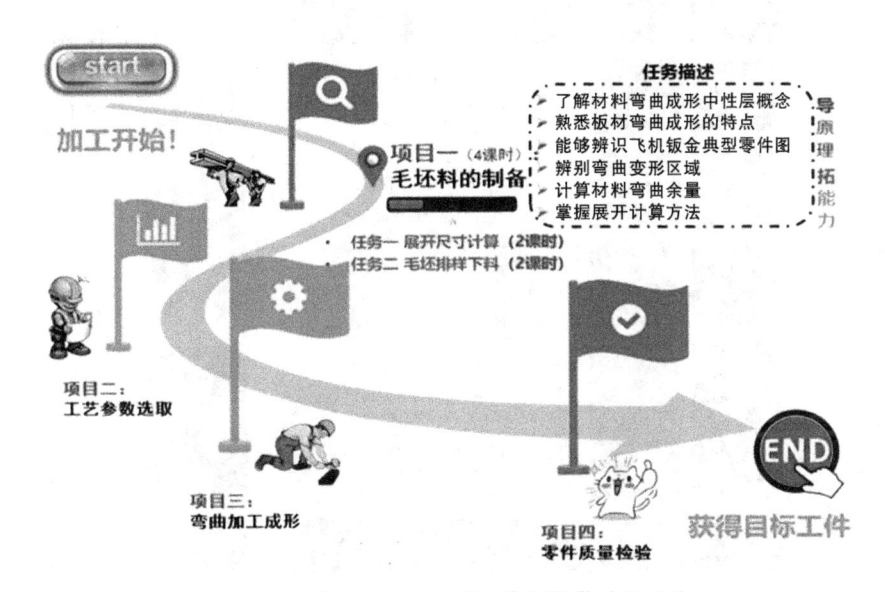

图5 "闯关晋级"式理实一体化教学过程设计

3. "破解难点"，虚实结合式教学方式改革

针对学生抽象知识理解不到位的认知特点，以钣金弯曲成形为引例，自主开发飞机钣金排样与下料虚拟仿真系统，利用虚拟仿真，将弯曲过程的单元模块的拉伸、压缩变形等过程直观呈现，展示中性层不变原理定义抽象、难以理解等难点，感受材料弯曲以中性层为界，"内压外拉、依次递减"的应力变化规律，体会弯曲变形过程的"曲亦有道"的哲学思想。

为了使学生更加深刻地内化理论知识，设置实践验证教学模块，引导学生自主探究，掌握难点知识。同时安排学生赴部队或地方相关工业部门参观学习并参与部队的训练。通过这样的方式让学生了解部队的实际工作情况和工作内容，提高学习专业知识的积极性。通过虚实一体的教学方式，让学生在"学中做，做中学"，真正实现知行合一，培养出高素质、专业化创新型士官人才。

4. 深化"联教联训"机制——改革传统评价体系

为了保证考核评价的科学性和有效性，教学团队基于联教联训建立起动态增值的考核评价体系。教学评价确定以职业素养为中心的发展性评价、以个体成长为主的多元化过程性评价为原则，分别确定以学生、学校教师、部队教官为评价主体，根据国家职业技能鉴定，设定与之相应的职业道德和基础科目考核内容。

在评价过程中分课前、课中、课后三阶段，并采用线上线下混合评价、校内校外双向评价、定性定量相结合，形成了如图6所示的动态化评价标准。

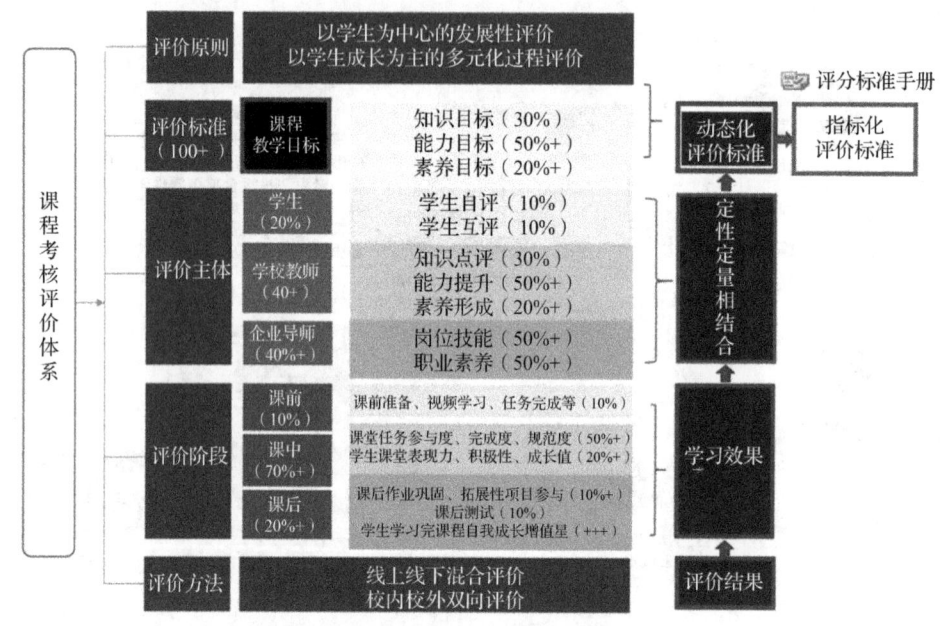

图6 "飞机钣金成形技术"课程评价体系

另外，为了学生全面发展，设定加分项目，学生表现优秀，将在100分的基础上加入笑脸，如果学生学习过程中进步迅速，也会有额外的增值笑脸。

每个任务设定了知识技能考核点，八个任务顺序衔接，针对每个任务设有重修点。如果子任务没有完成考核，学生需要利用课余时间通过在线开放课或实训室的课余开放时间进行重新学习（如图7所示）。通过这样的评价体系，建立起科学合理的考核评价体系来倒逼联教联训落地落实，提升联教联训的质量和效益。

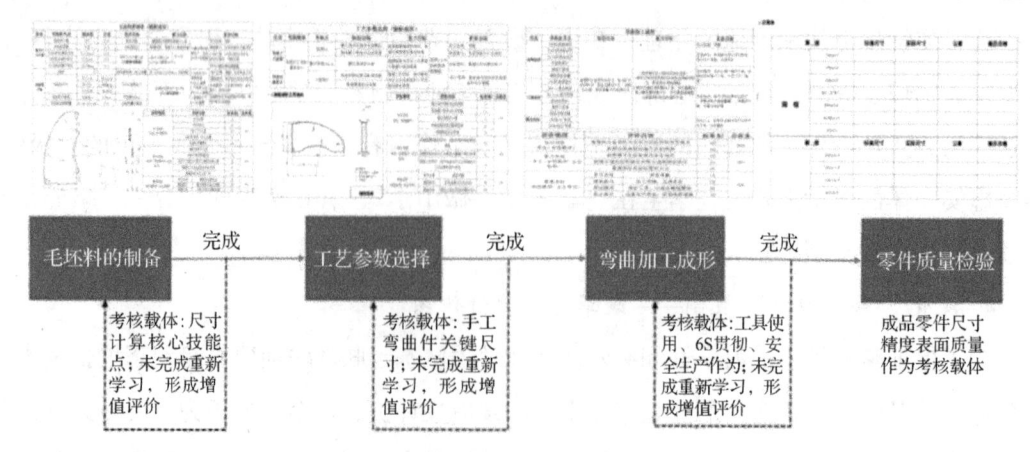

图7 钣金弯曲成形考核评分细则

三、成果成效

在"双高计划"的重要契机下，飞行器数字化制造技术专业围绕定向士官的岗位需求和终身发展，制定了定向士官联教联训式教育教学改革新模式，助力学生全面发展、终身成长。学生从职业道德、职业情感、职业精神和职业能力四个方面均得到提升，满足现代部队对人才的需求从"技能外延式"逐渐向"素养内涵式"倾斜，为国家、部队培养了具备职业"灵魂"的高素质技术技能人才。

根据联教联训式教学模式实施成效分析，通过八个项目化任务的持续实施，根据联合评价机制，发现士官学生的学习成绩和技能水平呈现稳定增长，2019级飞制士官一班全体同学的平均成绩达到85分以上（如图8所示）。这验证了所提出的实施策略能够对接部队对士官人才的需要，是为部队培养德才兼备的高素质、专业化新型士官人才的有效途径。

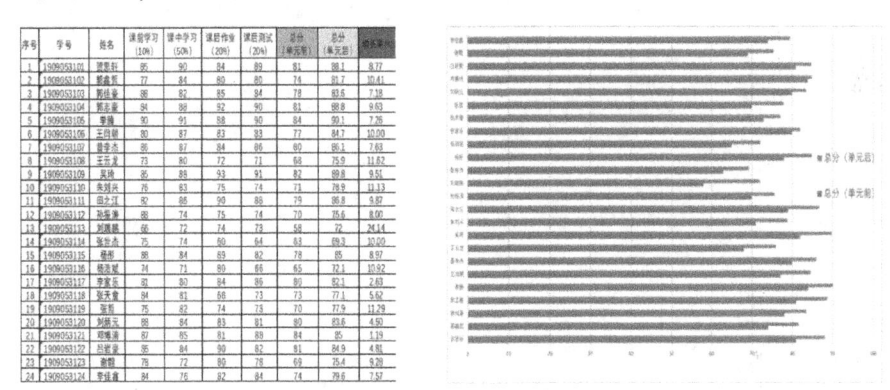

图8 教改前后学生成绩分析

航空安全无小事，在教学过程中强调职业素养的提升。以岗位实际需求为出发点，确定职业道德、职业情感、职业精神和职业能力四个维度的职业素养，构建适合飞机钣金成形技术的精细化指标模型，突出职业素养的科学性和精准性，设计了课程质量问卷调查表。由图9的统计数据可以看出，学生的四个维度的职业素养得到很大提升，满足人才需求从"技能外延式"逐渐向"素养内涵式"倾斜。

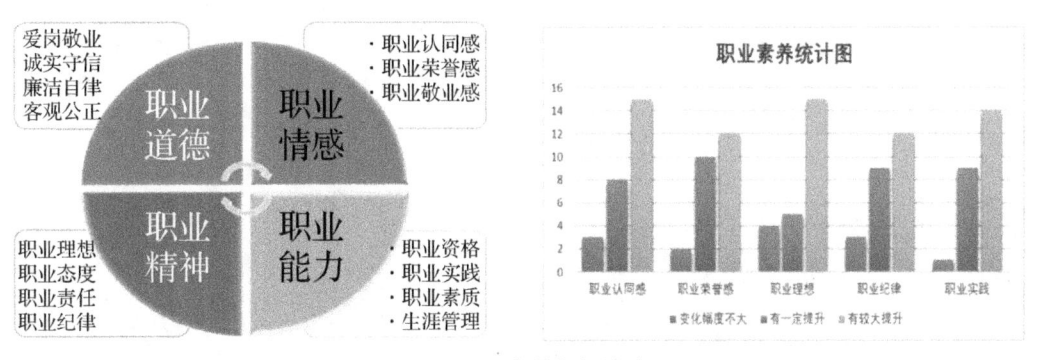

图9 职业素养数据统计

四、总结

课程教学团队立足士官学生的全面发展，聚焦军队战斗力这个唯一的根本标准，开展对于专业课程的课程改革，为实现党在新时代的强军目标、全面建成世界一流士官提供有力的人才支撑，值得在全校定向士官教育教学模式改革中进行推广和应用。教改模式在定向士官这一特殊的订单培养模式上成功的实践，为普通高职学生订单培养模式改革提供了一定的借鉴思路。

案例 3

工学交替　双元育人　现代学徒制人才培养新范式
——以"5702"现代学徒制班人才培养为例

摘要：飞机机电设备维修专业群与 5702 工厂共同探索创新校企合作模式和保障制度，以中国特色学徒制的实施为抓手，在军民两用型人才培养模式探索方面不断深入合作，通过采取联合选拔、共建团队、标准互融、双元考核等措施，探索并形成了西航模式，有效解决了航空类新技术、新工艺、新规范与教学、教材同步难等问题，缩短了学生岗位适应期，增强了岗位迁移能力，为学生今后在行业内的发展夯实了基础，不断为航空维修相关专业的人才培养输出西航方案。

关键词：现代学徒制；校企合作；人才培养模式

一、实施背景

西安航空职业技术学院在中国特色学徒制人才培养模式建设过程中与 5702 工厂深度合作，校企双方深入交流、资源共建共享，通过课程内容改革、评价体系改革以及建立健全保障机制等措施，实现校企双元育人。自 2014 年开始，5702 工厂与专业群签订飞机机电设备维修专业现代学徒制培养协议，至今连续 9 年与企业共同培养出高素质高技术人才近 300 人，并联合企业建成产业学院、校外实训基地、大师工作室，探索并实践了中国特色学徒制人才培养模式。

二、主要做法

（一）工学交替，构建"双主体三阶段"人才培养模式

校企双方深度交流合作，共同探索、共同实践，形成了培养标准校企共融、培养方式校企共育、教学资源校企共建的三段式人才培养模式，培养过程充分发挥学徒的"学生 + 准员工"双重身份的优势，树立学徒在教学中的主体地位，保证人才培养质量。

校企双方共同制定选拔方案，成立由企业人力资源部门和学校招生就业处、教务处、专业教师组成的面试小组，按照企业要求，经过初审、复审、面试、笔试环节，每年从航空维修工程学院 6 个专业、近 1 000 名学生中择优选拔 30 名学生，签订校、企、生三方协议，组成"5702 现代学徒制试点班"。

围绕专业人才培养目标，将学生职业能力的形成过程与飞机修理过程有机结合，在人才培养模式的建设、运行以及发展阶段，按照"人才共育、过程共管、责任共担、成果共享"的培养原则，参照"高等职业学校飞机机电设备维修专业教学标准"及"空军航空修理系统从业人员准入资格培训大纲"，结合企业岗位具体要求开展校企联合培养，形成了"校内学习打基础—工学交替长技能—企业顶岗得证书"的三段式培养方式（如图1所示），实现毕业证、军民两航相关职业资格证三证合一的育人目标。

图1 三段式人才培养方式

基于航空维修核心岗位群，以典型工作任务为载体，按照真实工作过程将军民两航维修标准和教学内容有机融合，梳理出支撑岗位群要求的理论与实践能力，构建了"行业基础能力培养＋职业通用能力培养＋岗位方向能力培养"的模块化课程体系（如图2所示），增强了学生岗位适应及迁移能力，以应对今后产业升级所带来的各种挑战。

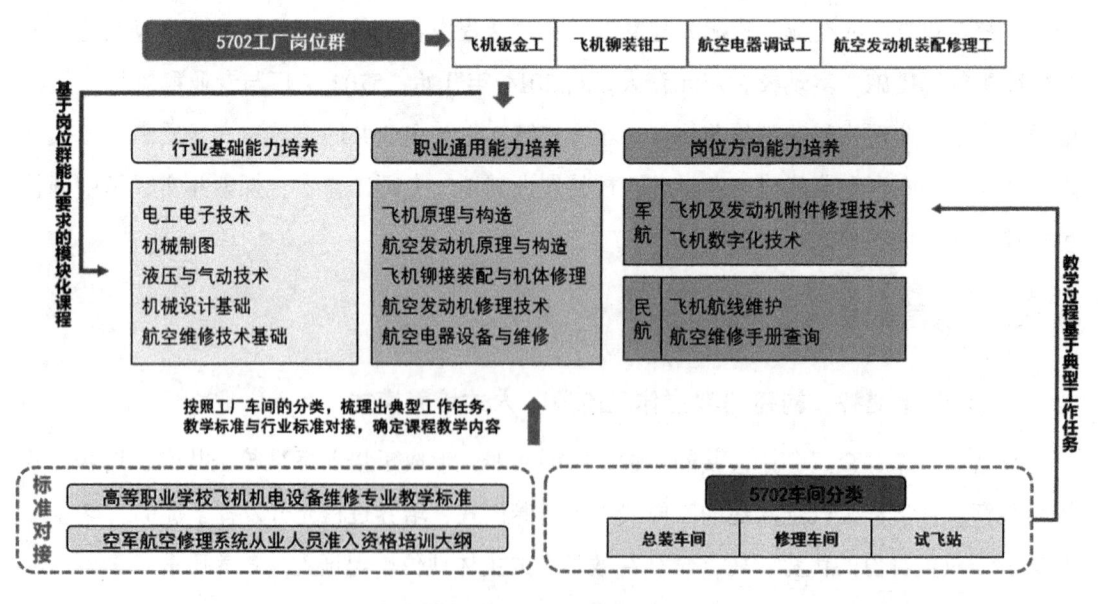

图2 模块化专业课程体系

（二）课岗对接，改革"职业技能提升"评价考核体系

校企双方共同建立以职业能力形成为导向的考核评价模式，由教师和师傅共同对不同

学习阶段的职业能力进行考核评价。突出学校企业双主体的育人机制，采用"双元对接"的考核方式（如图3所示）。

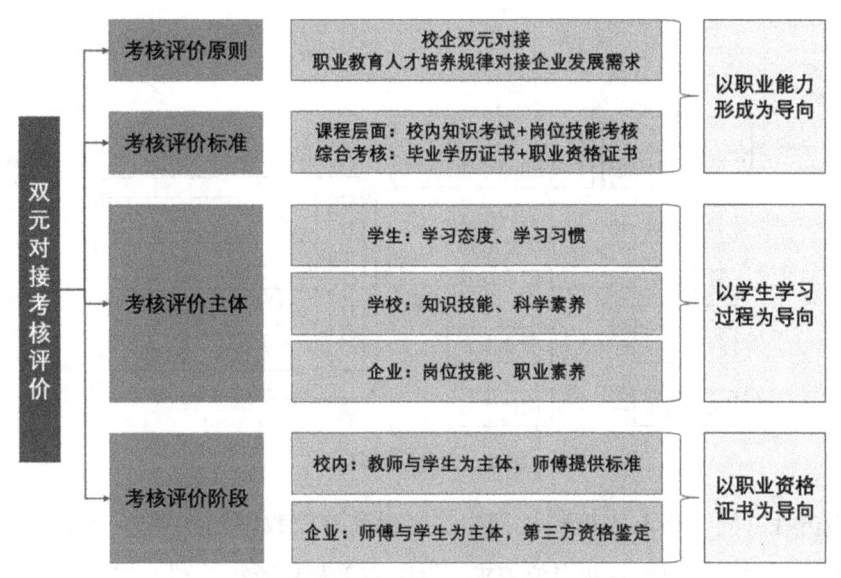

图 3　双元对接考核评价体系

学校考试和企业岗位考核相结合，由企业对实习生岗位技能进行达标考核。学徒自己申报考核的核心岗位，其他岗位由抽签决定，要求实习生所有实习岗位达到该企业初级工要求，每人必须有一核心岗位技能达到该企业中级工水平。

学生需同时取得毕业证书与职业资格证书才能成为企业正式员工。毕业证书获得资格由校内教师审核，职业资格证书由第三方鉴定机构颁发，学历证书对接职业资格证书，充分地发挥了校企双主体育人的优势，确保学生能够在学校毕业并顺利进入工作岗位。

（三）双向交流，打造"名师工匠引领"双师团队

校企双方共同成立了由专业教师、企业高工和工艺主管组成的"校企联合教研室"，对教学工作和实习工作进行过程管理与质量监督。

5702工厂组建以叶牛牛、李平、周卫等行业领军人才为首的企业教师团队，不仅将自己多年的工作经验和技巧传授给学生，更用自己的职业道德、工匠精神感染学生。大师们技术攻关创新的同时，悉心带徒传艺，更好地为培养高技能人才服务，学生们在大师的耳濡目染下了解大国工匠的真谛。

校内教师在校组织专业课程的教学活动，与企业师傅共同立足企业进行科技创新和技术攻关，实施技术改造，解决生产技术难题，推动企业产业升级和技术进步。同时制订工作计划，积极开展技术创新、同业交流、带徒传艺等活动。

学校在企业设立教师团队流动工作站，实习企业选派技术人员、有实践经验的行业企

业专家、高技能人才和能工巧匠等在工作站同校内专业教师一同制订学习计划，开展实训项目开发等工作（如图4所示），专业教师同学生一起进入5702工厂进行轮岗。

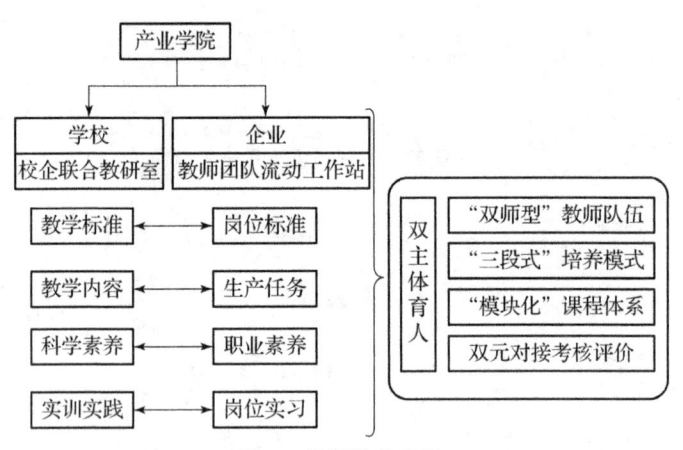

图4 教师队伍建设

校企双方在共同实施人才培养过程中，在提高专业教师的实践能力和教学水平的同时，推动专业教师深入理解专业岗位需求，及时完善和更新相关理论知识，培养了一批具有双师素质的教学能手、技术骨干，同时推动教师向着企业服务型、行业专家型方向发展。在"双高计划"建设的3年中，为中小微企业提供航空领域规划咨询15次，完成横向课题27项，横向科研课题到款额281.8万元；科研服务立项16项；培育孵化科技型企业1家；协助2家企业建设培育产教融合型企业。通过搭建高技能人才研修平台，发挥具有绝招绝技的高技能人才和能工巧匠在传承传统技能技艺和推动现代高技能人才培养工作中的作用。

（四）协同发展，健全"产教融合育人"共赢共进

为保障与5702工厂合作开展的现代学徒制顺利进行，近10年校企双方共同制定和完善保障机制，最终形成了师徒结对的管理机制、双元对接考核的评价机制以及一系列培养管理政策，无论学徒培养质量还是学徒成为正式员工后留职率均逐年提高。

为了更好地管理"师徒关系"这一现代学徒制的核心问题，校企共同建立了师徒培养培训和管理制度，明确了双方的责任和义务。师傅承担对学徒的全面培养工作，包括制订有针对性的培训计划、目标和措施，监督和检查学徒对计划的执行情况等。带徒过程中，师傅要及时总结学徒的进步和不足，完整保存活动期间的教学计划、教案、工作记录等资料，每月提交培训相关资料给校企联合教研室，作为工作考核的依据。学徒要尊敬师傅，虚心请教，服从指导，按照制定的培训目标努力学习，有计划地圆满完成培训计划。徒弟每月向师傅提交一份工作小结，工作小结内容应包含学习内容、疑问、感想等，协议期满提交出师总结。

5702工厂在与学校合作实施现代学徒制的过程中,坚持贯彻"校企共赢,以他赢为律"的理念,以企业需求为导向,将企业管理制度逐步融入实训基地,使培养出的学生职业能力满足企业需求。工厂也专门出台现代学徒制培养管理的配套政策,提高学徒的最终留职率,满足了对学徒培训投入与实际产出效益平衡的客观需求。具体政策如下:

第一,无息住房贷款。毕业后服务企业满3年的学徒,可以享受企业提供的无息住房贷款,上限20万元,贷款期限10年。

第二,提前转正。待学徒毕业后,签署正式劳动合同,工作表现优秀的学徒试用期可以缩短为两个月。

政策的制定和实施,既体现了企业在现代学徒制的主体地位,同时也使学徒产生较强的实习归属感和工作荣誉感,增强了培养过程中的主动性和责任感。

三、成果成效

(一)发挥辐射带动作用,推进中国特色学徒制实践

专业群通过校企深度合作,培养了一批又一批怀有工匠精神的航空维修人才,学生到民航维修、中航工业及空军装备部等航空企业就业率达75%以上,企业获得了一批忠诚度高,对本企业文化认同度高,熟悉企业生产流程和工艺,技能和素质高的准员工,毕业即能上岗,成为企业的生产骨干。

近年来,先后为嘉兴职业技术学院等50余家兄弟院校开展师资培训达6 000人·日·年$^{-1}$,为5706工厂等企业员工开展航空维修类专业培训达3 000人·日·年$^{-1}$,各类培训到款额累计500余万元。

专业群对学徒制的探索和实践辐射带动引领校内外其他专业人才培养模式的改革,校内陆续成立7个学徒制班级,省内外20余所高校前来学习借鉴(如图5所示)。

图5 专业群学徒制辐射引领带动作用

（二）实践教师教学改革，促进学生教师共同发展

专业群不断向 5702 工厂输送优秀的航空维修人才，在 10 年间大批人才完成了从"学徒"到"技能大师"的转变，作为企业的师傅培养学徒，在持续为行业输送优秀航修人才的过程中起到了"传帮带"的作用。同时，作为行业内有影响的人才，成为学校与工厂联系的纽带，不断为探索实践中国特色学徒制贡献力量。

专业群获评教育部交通运输类专业示范点，主持国家级"飞行器维修技术"专业教学资源库。打造国家级职业教育教师教学创新团队 1 个，培养国家万人计划教学名师 1 人、全国职业教育先进个人 1 人。近 3 年完成国家级课题 2 项，课题申报若干项。通过共建大师工作室使双师素质得到全面提升，成立首批国家级创新教师团队。

（三）依托学徒制探索实践，形成校企合作新范式

中国特色学徒制是在校企深度合作基础上，以企业用人需求为最终目标，采用工学结合方式，校企共同完成对学生的培养。专业群通过与 5702 工厂共同探索实践中国特色学徒制，将校企合作方式从"点对点"扩大至"面对面"，充分发挥引领和带动作用，由专业群对接企业提升为学校对接行业，降低了单一培养主体的成本，提高了学徒制发展的可持续性。

科技发展日新月异，技术更新迭代周期短，新技术、高端技术人才需求量增长迅猛，单一培养主体的职业教育无法有效满足此类需求。校企在新技术、高端技术等产业领域开展学徒制探索实践，并以此为依托，加强学徒制人才培养管理的同时，深化理论研究与实践探索，形成可推广的校企合作新范式，带动学徒制向高质量、高层次发展。

四、成果总结

专业群对中国特色学徒制的实践，有效地解决了航空类高端技术技能人才企业需求侧和学校人才培养供给侧的结构性矛盾。通过改革培养、搭建技术平台、健全保障机制，实现对学生的培养，使中国特色学徒制成为支撑企业转型升级和经济高质量发展的重要力量，切实地推动了校企合作。

案例 4

课岗对接　顶层设计　打造资源建设样板
——以"飞行器维修技术"教学资源库建设为例

摘要："飞行器维修技术"教学资源库项目建设团队成立共建共享联盟,分析航空维修产业链,课岗对接,构建资源库课程体系,按照"一体化设计、结构化课程、颗粒化资源"的组织建构逻辑,建成了一个"资源优质丰富、更新持续有效、应用广泛活跃"的全国一流、航空维修专业特色鲜明的共享型教学资源库。资源库的建成引领飞机机电设备维修专业群的课程资源建设和教学改革,是专业群的代表性教学成果。

关键词：资源库；课岗对接；资源建设

一、实施背景

为深入贯彻落实《现代职业教育体系建设规划（2014—2020 年）》等文件精神,整合办学资源,建立全国职业教育数字资源共建共享联盟,推动建设面向全社会的优质数字化教学资源库,优化整合各项要素资源,2016 年,由西安航空职业技术学院与长沙航空职业技术学院、济南职业学院联合 17 所开办飞行器维修技术或相近专业的专本科院校和 21 家军队航空维修、中国航空工业、民用和通用航空维修企业,共同启动了飞行器维修技术专业教学资源库建设工作。资源库于 2017 年通过国家教育部评审（教职成司函〔2017〕80 号《关于公布 2017 年度职业教育专业教学资源库备选库的通知》）并立项,于 2020 年通过验收（教职成司函〔2020〕44 号《关于公布职业教育专业教学资源库 2020 年验收结果的通知》）。

二、主要做法

飞行器维修技术专业资源建设项目的完成,为学校的国家、省、校三级专业教学资源建设,深化"三教"改革提供了成功案例,是专业群的代表性教学成果,有力地支撑了学校"双高计划"建设。

（一）分析产业需求,实现顶层设计

1. 成立共建联盟,制定保障机制

专业群牵头联合了 17 所开办飞行器维修技术或相近专业的专本科院校和 21 家军队航空维修、中国航空工业、民用和通用航空维修企业共同组建资源库共建共享联盟,制

定联盟章程、资源库项目管理办法、校际学分互认管理办法、建设及推广应用管理办法等八项章程,保障资源库建设过程中共建共享,项目建设运行管理规范。同时,建立各成员定期沟通协调制度,组建资源库建设专家委员会,召开专家会议,推动资源库的建设与应用。

2. 对接课岗需求,构建课程体系

项目建设团队分析航空产业链结构,深入行业、企业一线和职业院校,对技术发展和人才需求、职业院校专业建设水平和人才培养现状进行调研。分析飞行器维修技术、飞机机电设备维修、飞机结构修理、飞机部件修理4个专业面向的飞机机体结构修理、航线维护与定检等7个工作领域的典型工作任务及岗位职业能力需求,融合国际民航组织和美国交通运输协会标准,与航空工业西飞公司、5702工厂等10个企业合作,校企共同构建"共享课程+方向课程+岗位模块课程"资源库课程体系(如图1所示)。

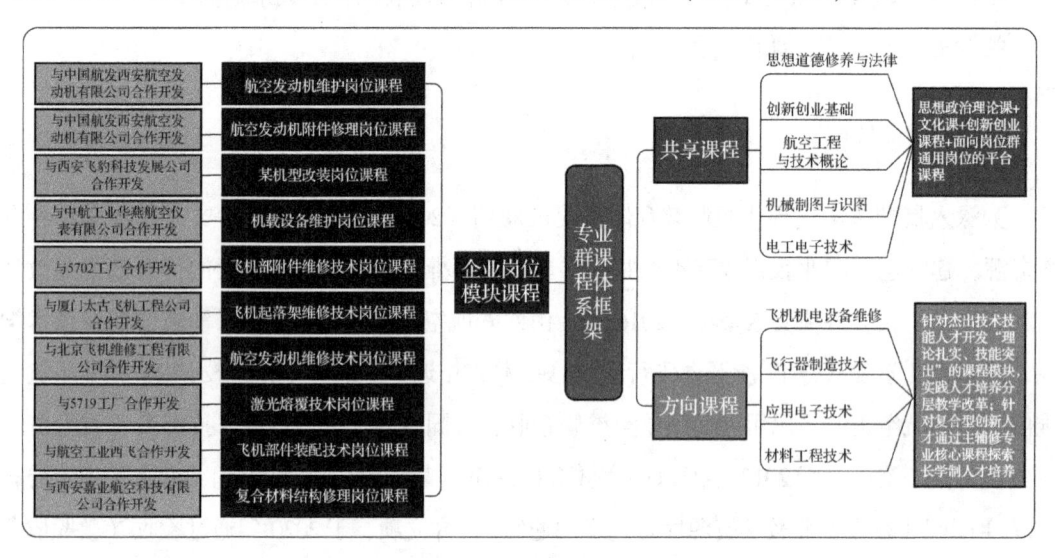

图1 资源库课程体系

根据不同课程的类型及特点,经建设专家委员会研讨确定初步建设12门课程,其中标准化课程8门,个性化课程2门,国际化课程2门,典型教学模块10~15个(实际建成18个),企业生产案例不少于30个(实际建成43个),互联网资源应用不少于10个(实际建成23个)。其中,专业群主持完成了"人为因素与航空法规""飞机铆装与机体结构修理技术""飞机维修文件及手册查询""无损检测基础实训"4门标准化课程的建设,与其他院校联建了"飞机结构与机械系统""飞机维护技术"和"航空发动机结构与系统"3门标准化课程。

3. 依据功能定位,实现顶层设计

依据专业资源库功能定位要求,按照"一体化设计、结构化课程、颗粒化资源"的组织建构逻辑，遵循调研与分析→定位与设计→构建课程体系→资源开发与整合→资源推广与应用的技术路线（如图2所示），着力于专业群教学资源开发。

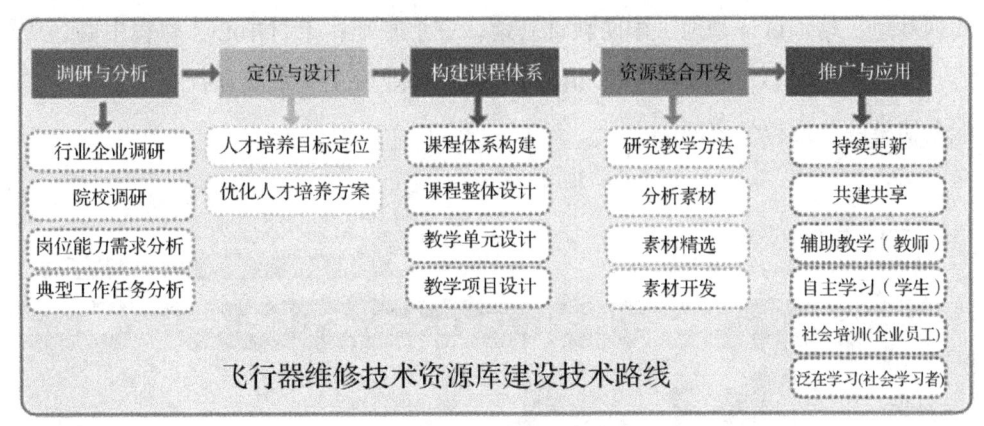

图2 资源库建设技术线路

在建设过程中，以用户需求为导向，结合专业特点和信息化特征，依据构建课岗对接的课程体系，动态调整专业教学标准和人才培养方案，统筹资源建设、平台设计以及共建共享机制的构建，对接航空维修产业需要，构建资源库颗粒化的资源，建立结构化的课程，形成资源库整体系统的顶层设计（如图3所示），将资源库规划为"一馆二园三基地四中心"10个资源模块。同时，依据调研分析结果，将资源库的标准化课程纳入专业人才培养方案，覆盖专业核心课程，展现教学内容与课程体系改革成果，融入思想政治教育与创新创业教育，满足网络学习和线上线下混合教学的需要。

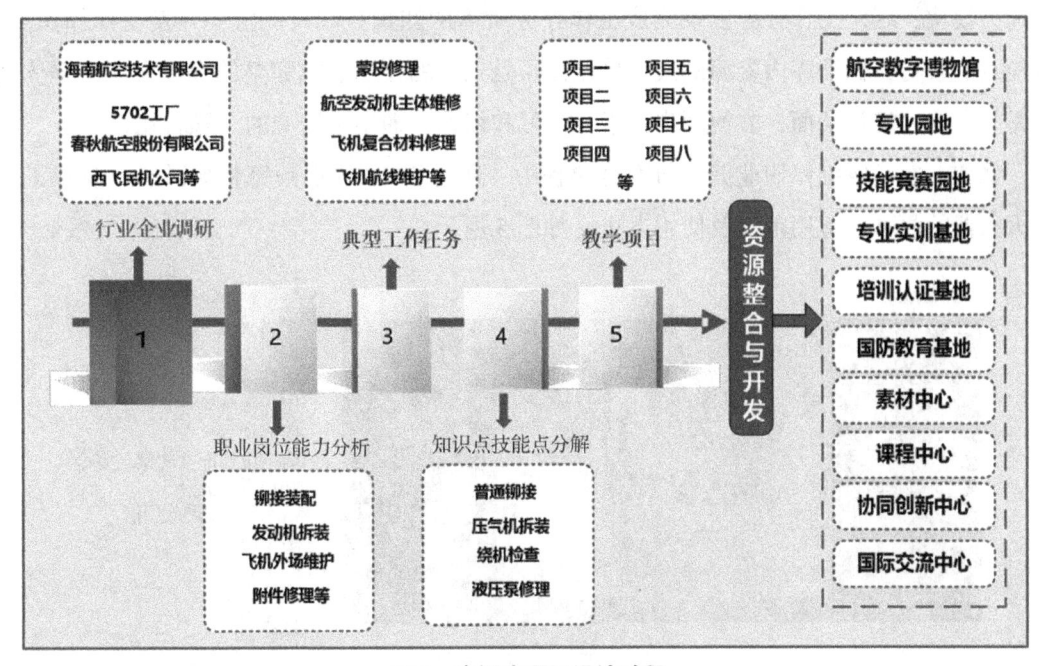

图3 资源库顶层设计过程

依据顶层设计规划，实际建成的资源库包含"一馆二园三基地四中心"10个资源模块（如图4所示），即：航空数字博物馆，一个馆；专业园地、技能竞赛园地，两个园地；专业实训基地、培训认证基地、国防教育基地，三个基地；素材中心、课程中心、协同创新中心、国际交流中心，四个中心。为院校师生、企业员工、军队和社会学习者四类用户提供能学辅教的优质教学资源。

图4　资源库"一馆二园三基地四中心"的10个模块

（二）深化课程改革，开发颗粒化资源

通过行业指导、院校共建、校企合作，全面分析专业群面向的职业岗位工作职责，设计能力模块，确定工作任务以及完成工作任务所需的知识点和技能点，开发支撑知识点、技能点的素材，保证库内资源的最小单元必须是独立的知识点或完整的表现素材，单体结构完整、属性标注全面，方便用户检索、学习和组课，即实现资源的"颗粒化"。

例如，在航空维修职业健康与安全课程中，通过69秒的视频完整地讲解、演示了清水灭火器的原理、适用范围及使用方法（如图5所示）。

素材来源：
网络
所属专业：
飞行器维修技术
所属课程：
航空维修职业健康与安全
知识点/技能点：
清水灭火器的使用
适用对象：
学生
媒体类型
视频类

图5　视频资源"清水灭火器使用"

首先，项目建设团队依据课程教学模式改革深化的需要，对作为教学资源库基本构件的素材进行分析研究。一方面，从职业教育前沿教学方法的本质进行深刻研究；另一方面，从教学实施所需要的素材进行系统分析；在此基础上确定素材的内容、形式和结构，然后分别对每份素材进行开发。分析的层面包括教学内容描述层面、教学内容解释层面、学习过程展开层面和教学过程展开层面。

其次，按照学与教的逻辑设计课程资源的网上呈现框架，框架应简洁、易于操作，一般划分为学习者信息管理、学习过程指导、教学过程指导、学习评价、交流互动几部分。学习过程指导是资源库的主体部分，其内容组织比较理想的方式是按照教学项目逐一对素材进行归类，然后按照一般学习过程展开素材。

（三）运用信息技术，搭建运营平台

运用先进信息技术和互联网技术，开发技术先进、高效实用的教学资源库运营平台。建设内容丰富、技术先进、共享开放、持续更新的专业教学资源库，方便教师个性化搭建课程和组织教学，满足各类学习者自主学习、支持个性化学习和技术技能证书培训。以资源共建共享联盟为依托，创新项目建设的管理体制机制、资源库应用与更新管理机制，建立健全合作单位的利益分享、责任分担机制和资源交易制度，制定校际资源共享、学分互认机制，确保专业教学资源库的积累、共享、优化和持续更新。飞行器维修技术资源库采用"微知库"搭建平台，资源库运营平台结构如图6所示。

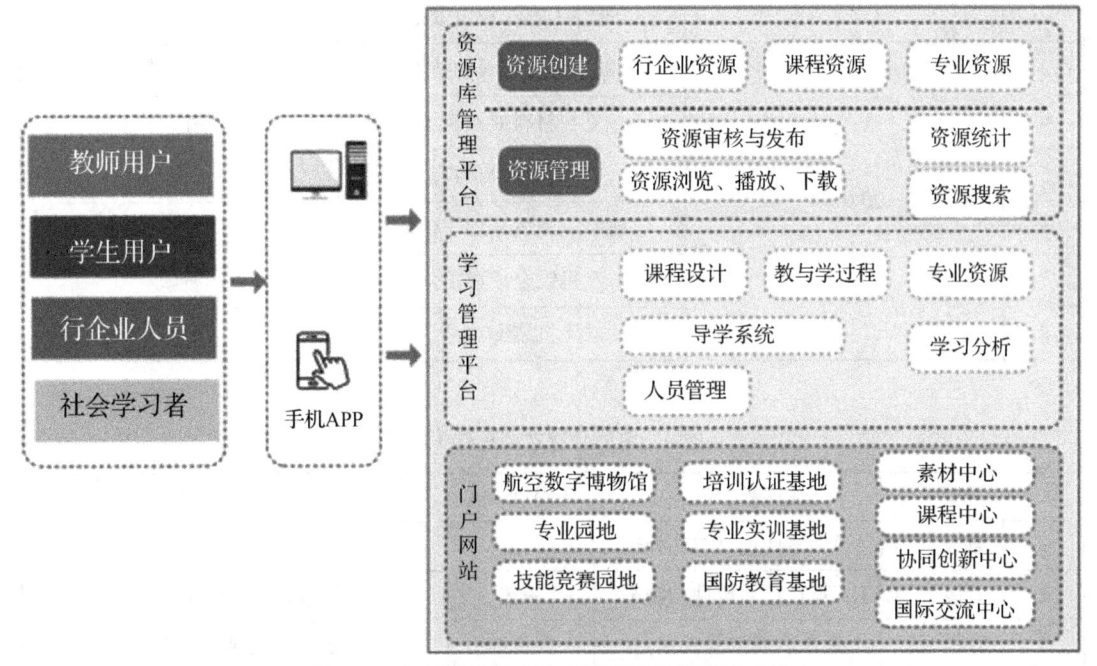

图6 飞行器维修技术专业资源库运营平台结构

三、成果成效

（一）建成了一个优质的专业教学资源库

项目建设团队组建资源库共建共享联盟，分析航空维修产业链，深入企业调研，构建模块化课程体系，以学习需求为导向，深化课程改革，搭建运营平台，建成了一个"资源优质丰富、更新持续有效、应用广泛活跃"的全国一流、航空维修专业特色鲜明的共享型教学资源库，满足了飞行器维修专业技术技能人才的培养需求，推进了航空维修行业的人才培养模式改革、教学改革、课程建设和师资队伍建设，提升了全国高职院校航空维修类专业的人才培养质量和社会服务能力。

（二）形成了一套可复制、可借鉴的经验

项目建设团队通过优化资源库顶层设计、深化课程改革、开发颗粒化资源，打造高水平教学团队，形成可借鉴、可复制课程资源建设模式，辐射带动了专业群课程资源建设。3年建设期内，专业群完成了8门共享课程、4门省级在线开放课程、4门校级在线开放课程的建设（如表1和表2所示），职业教育在线精品课程占专业课程比例达到31.8%。

表1　专业群共享课程8门

序号	建设年份	开发课程名称	课程完成人
1	2020年（含2019年）	复合材料结构修理	唐婷
2		航空工程与技术概论	焦旭东
3	2021年	航空液压与气动技术	马文倩
4		复合材料成型技术	徐竹
5		飞机原理与构造	王俊高
6		航空发动机原理与构造	吴冬
7		飞机钣金成形工艺	杨帆
8		飞机装配技术	霍一飞

表2　省级在线开放课程4门

序号	类型	开放课程名称	课程负责人	课程所属主平台
1	省级	航空通用零件选材与热处理	马晶	学银在线
2	省级	CATIA航空产品设计与制造	张超	智慧职教MOOC学院
3	省级	公差配合与测量技术	宋育红	智慧职教MOOC学院
4	省级	焊条电弧焊	惠媛媛	爱课程（中国MOOC大学）

（三）锻炼了一支课程资源开发的教师队伍

通过资源建设，校企、校校共建共享，教师、企业技术人员从传统的方法逐步转变为能用信息化手段思考和实践教学的高手，并在应用资源库过程中进一步提升，成为教学方法改革的前瞻性探索者。飞机维修技术专业所有的教师都通过学校信息技术应用考核，都能充分运用信息化手段授课，并参与资源库的建设和完善，锻炼了一支资源库开发的合作队伍。教师的信息技术运用能力、专业岗位职业能力、资源获取能力、课程设计能力以及教学能力等都得到大幅度提升，推动了信息化教学改革的实现。3年建设期内，教师参加国家级、省级教师能力大赛，取得国家级二等奖1项、三等奖1项、省级二等奖2项。

四、经验总结

专业群主持完成了资源库的建设工作，建成了"资源优质丰富、更新持续有效、应用广泛活跃"的全国一流、航空维修专业特色鲜明的共享型教学资源库，为院校师生、企业员工、军队和社会学习者提供能学辅教的优质教学资源。

项目建设团队始终秉承"建用结合、重在应用"的原则持续更新资源库，目前共建成标准化课程18门、个性化课程7门、国际化课程4门、素材文件13 885个、题目11 966个，注册用户多达35 481个，其中活跃用户25 242个，学习人次127 332，实现了课程门数、学习人次双突破。为兄弟院校、企业员工的学习提供了优质资源，彰显了学校专业教学软实力，"双高计划"建设专业群的示范引领作用凸显。

案例 5

岗位引领　分层递进　双线评价
——全面推进飞机机电设备维修专业群课堂改革

摘要：课堂改革作为学习方式和教学方式的转变，是现代职业教育改革发展中的重要环节，是"三教"改革的"突破口"和"聚焦点"。飞机机电设备维修专业群坚守"以学生为中心、促进学生持续发展"的价值理念，对接岗位要求、行业标准，优化人才培养方案，调整整合模块教学内容，引入企业的生产案例，融入职业技能等级证书相关要求，采用任务驱动法、合作探究法、情境教学法等教学方法，将思政教育贯穿课程教学全过程，系统性实施对接岗位、分层递进、多元评价的课堂改革，有效提升教学质量。

关键词：课堂改革；对接岗位；多元评价

教育部《关于职业院校专业人才培养方案制订与实施工作的指导意见》中提出，普及项目教学、案例教学、情境教学、模块化教学等教学方式，推广翻转课堂、混合式教学、理实一体教学等新型教学模式。教法是高职院校"三教"改革的路径，教师、教材的改革最终需要通过变革教学方法和学生学习评价方式来实现。课堂是教学的主战场、是育人的主渠道，将课堂教学改革推向纵深，让学生获得高质量的课堂学习，是职业教育提质培优的重点任务。职业院校应通过实施课堂教学供给侧改革，为学生提供个性化、多样化、高质量的教育服务，落实好以学生为中心的教学思想，促进学生主动学习、释放潜能、全面发展。

一、主要做法

（一）岗课赛证融通，构建模块化课程结构

依托航空职业教育改革试验区，与 5702 工厂、中航工业西飞公司和中国航发西安航空发动机有限公司等 10 个企业合作，分析梳理航线维护、飞机结构修理、飞机机械附件修理、航空发动机维护、飞机电气修理等岗位核心能力，归纳出飞机航线维护、飞机复合材料修理、航空发动机主体维修等 20 个典型工作任务，同时结合航空行业"民用航空器维修人员执照""飞机铆装钳工"等行业从业资格证书、职业技能等级证书关于技能的新工艺、新要求，并将全国职业院校技能大赛——飞机发动机拆装与调试、液压与气动系统装调与维护、世界技能大赛飞机维修等项目要求融入相关课程标准，按照由基础学习到综

合应用，再到复杂拓展的学习路径，完成了模块化课程结构的创新构建。以航空液压与气动技术课程为例，如图 1 所示。

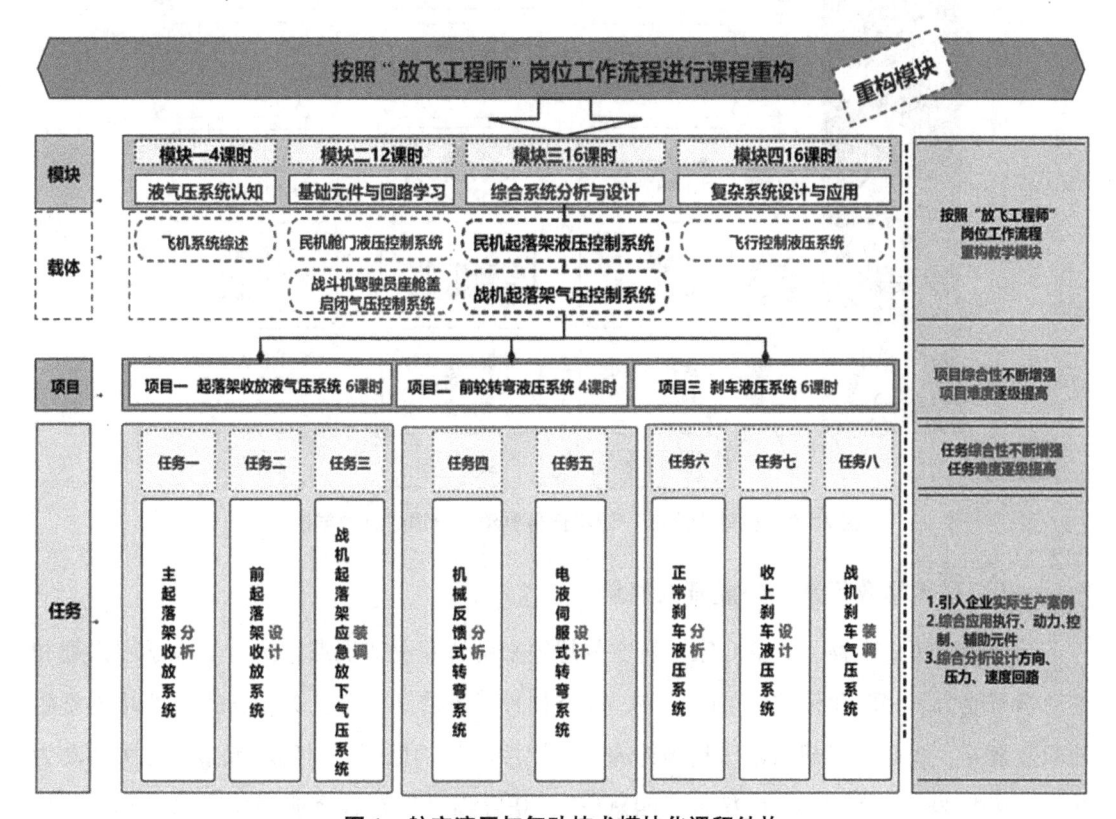

图 1 航空液压与气动技术模块化课程结构

（二）任务驱动，分层递进创新教学模式

在专业核心能力教学中，以企业岗位任务为依托，深入研究课程内容，选取难易适中的任务设计教学模块，重构符合学生认知和发展规律的"分层递进"教学目标体系，即按照"认知学习→专项重点学习→模拟岗位综合实训→顶岗实习"四个相互衔接、能力递进的层级来开展理实一体化教学，培养多元化、层次化的高素质技术技能型人才。

"飞机钣金成形"课程教学中设置"毛坯料的制备""工艺参数选择""加工成形操作""零件质量检验"四个进阶式任务，充分调动学生学习过程中的主观能动性。同时依照教学内容及学生学情，制定"析—导—强—达—拓"的教学流程，参照企业工作流程，设定"企业导师"和"学校教师"双导师教学，依托合作企业资源，在企业真实生产岗位上开展理实一体化教学。学校教师按照教学内容"析学情—导教法—拓技能—促成长—强练习"，企业导师针对工作任务"析需求—导规范—拓岗位—达所需—强认知"（如图 2 所示），遵从学生"自我认知、自我强化、自我提升"的规律，达成"育智、育技、育人"的教学目标。

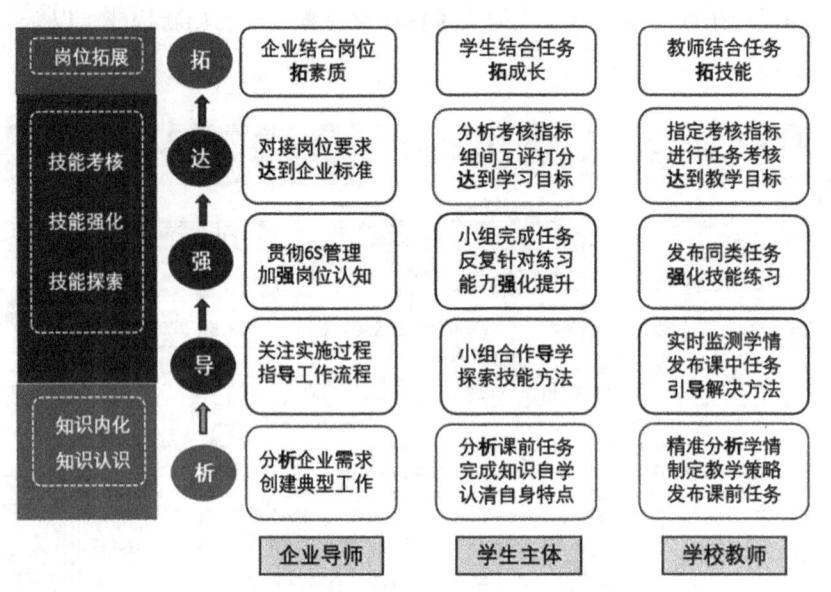

图 2 "飞机钣金成形"课程任务驱动、分层递进教学模式

(三) 融入思政元素,拓展育人格局

结合爱国历史人物、航空专家、航空梦想等来讲解专业知识点,提升学生学习兴趣和主动学习能力。将职业精神、工匠精神、航空精神等渗透到每个任务中,提升并培养学生的职业素养,按照"思想引领、精神铸魂、意识浸润"的原则,以思政元素及相关活动为载体,培养学生的"四心、四精神、四意识",培养新时期符合企业岗位需求的具有军事素养的高素质技术技能人才。

1. 弘扬航空报国、科技报国精神

航空类课程蕴含着丰富的思想政治教育元素,要突出培育求真务实、实践创新、精益求精的工匠精神,讲好航空故事,宣传航空模范人物,激发学生航空报国、科技报国的家国情怀和使命担当,培养学生踏实严谨、耐心专注、吃苦耐劳、追求卓越等优秀品质。

2. 弘扬社会主义核心价值观

将价值导向与知识传授相融合,明确课程思政教学目标,在知识传授、能力培养中,弘扬社会主义核心价值观。从国家意识、法治意识、社会责任意识和个人诚信意识等多个层面,将社会主义核心价值观内化为精神追求、外化为自觉行动。

3. 弘扬中华优秀传统文化与职业素养

推动中华优秀传统文化融入课程教学,引导学生厚植爱国主义情怀,弘扬以爱国主义为核心的民族精神和以改革创新为核心的时代精神。把职业素养教育同课程教学内容紧密结合起来(如图3所示),重点围绕职业道德和职业伦理等方面,弘扬和培育科学精神和工匠精神,使课程教学的过程成为引导学生学习知识、锤炼心志和养成品行的过程。

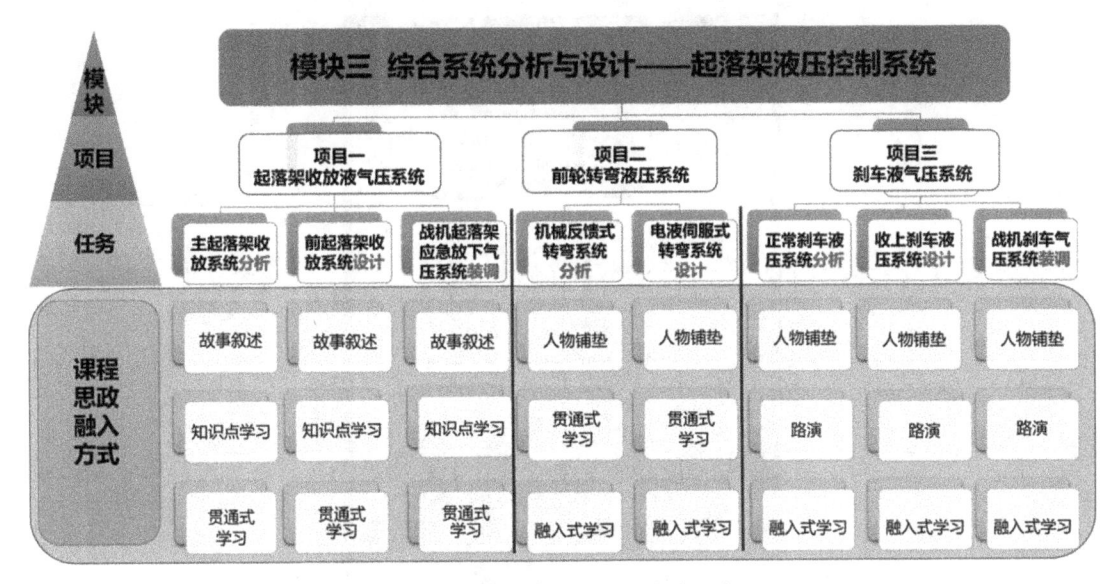

图 3 飞机构造课程融入思政元素

（四）促教助学，开展双线教学评价

基于混合教学的基本流程，采取"线上线下并进、定性定量结合"的方式，对双线评价模式进行指标分解细化后，根据学习内容和学习发生阶段的不同，从教师讲授、学生活动、师生互动、课外自学四个方面提取活动内容，形成教学评价指标体系（如图 4 所示），学习评价通过精准分析、解释并及时反馈，真正实现教与学的改进。

评价体系从投入度、参与度等 18 个一级指标和时间投入、行为投入等 49 个观测点进行构建，采取线上线下考核并进、定性与定量结合、形成性与总结性相结合的方式进行评价，注重教与学全过程的状态监控与评价。

结合课前导学测评数据、课中实时监测数据、课后自我评价与反馈数据，对学生学习过程评价和结果评价进行相关分析发现，课程在进行混合式教学中，线上、线下学习过程的引导、干预，对学生顺利完成学习目标具有重要的保障作用。

二、成果成效

（一）精准施策，课堂效果显著提升

依据对师生教与学行为频次的统计数据和评价结果，从书面表达、逻辑思维等角度对学生学习效果进行分析，可以看出学生综合能力与素质得到了大幅提升（如图 5 所示）。学生能够顺利地与信息建立情感联系，提高了对所学知识的重视，通过将正在学习的知识与自身经历、时事政治和公民责任联系起来，在找到学习意义的同时树立正确的观念。

图4 教学评价指标体系

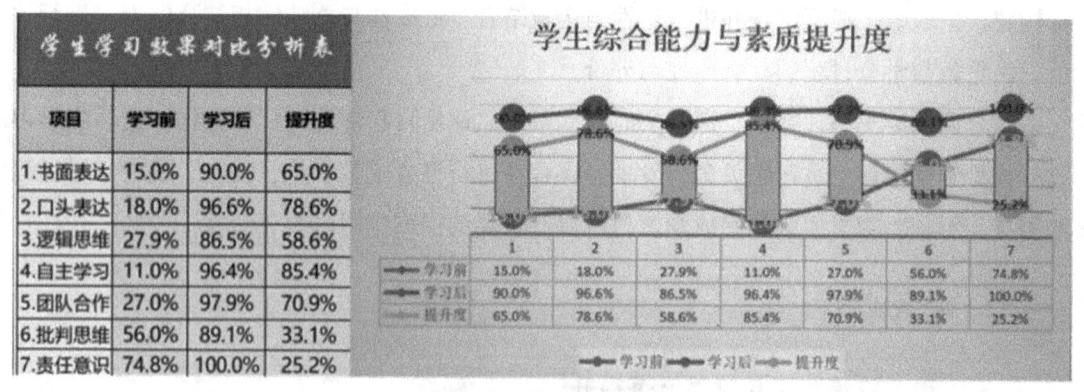

图5 学习效果数据看板

（二）教学共长，教师能力全面提升

教师是高质量课堂建设的关键，通过课堂革命的深入开展，飞机机电设备维修专业团队成功入选教育部"首批国家级职业教育教师教学创新团队"，"航空液压与气动技术"等3门课程教学团队参加全国职业院校教师教学能力大赛并获奖，冯娟等4位教师获"陕西省教书育人楷模""师德先进"及"教学名师"称号,专业群教师"双师型"比例超过90%。

(三) 共建共享,开发多样化课程资源

以学生为中心,以课堂为主阵地,专业群鼓励教师开发不同应用场景的在线课程,结合受教育者的特点实施"引入+开发+共建"多样化平台,针对在校学生和提升人员的特殊性,建设具有航空特色的在线课程资源,推广"线上+线下"混合教学。在教学资源建设过程中,教材及在线开放课获得多项荣誉,教学团队主持"飞行器维修技术"国家级教学资源库,谭卫娟、白冰如等主编的《航空电气设备与维修》获全国优秀教材二等奖,张超、马晶等4名教师负责的课程荣获陕西省在线精品课程。

三、经验总结

近年来,专业群抓紧抓牢"课堂改革"的系统性和持续性,教学团队、学习环境、学习资源、考核机制等,教师教学能力及学生综合素养得到大幅提升。

(一) 多信息技术全过程覆盖

现代信息技术的深度融合与广泛应用是"课堂改革"的一大特点。区别于传统课堂中教师对教学资源的简单再现,"课堂改革"利用丰富的资源平台、灵活便捷的渠道创造了师生高度互动的学习环境,将教师的教与学生的学有机结合。实现了线上优质教育资源供给和共享,线下思维拓展,满足学生的个性化学习、探究性学习和专业性学习,改进教师教学方式和学生学习方式,满足课堂多样化、直观化、精准化和高效化的要求。随着课程改革的进一步推进,教学有效性很大程度上体现在信息技术与学科的融合度,体现在信息技术对课程设计、课程内容、课程实施以及课程资源的支撑度。

(二) 改革教师、教法评价与反馈机制

为激发全体教师开展课堂改革的热情,巩固教学改革成效,持续提升课堂教学质量,专业群建立"以课堂教学为中心"的教师、教法评价与考核机制。教师评价注重教书育人成效、服务社会绩效、课堂教学实效、专业建设贡献。教法评价主要看课堂是否调动了学生学习的主动性、积极性和创造性,是否激发了学生的创造力、潜力和特长,以及学生综合素质与职业能力提高的程度。

案例6

遵循新规流程　对接规范标准　建设民用航空器维修培训基地

摘要：西安航空职业技术学院飞机机电设备维修专业群为保障CCAR–66R3《民用航空器维修人员执照管理规则》新规的顺利实施，调整专业人才培养规格，依托国家"双高计划"建设项目，扩建民用航空器维修培训基地，打造集"实训教学、科技研发、社会培训、创新创业"等功能于一体的"产、学、研、培"平台。

关键字：实训教学；对接标准；基地建设；一体化平台

一、实施背景

专业群致力于服务航空维修产业培养高素质技术技能型人才，从2010年获批成为CCAR–147培训基地以来，一直提供航空维修基本技能和部件修理培训的资质服务。2020年7月1日，伴随CCAR–66R3《民用航空器维修人员执照管理规则》的正式实施，民用航空维修人员的执照培训发生了重大改变。为适应新规的要求，专业群对相关专业进行人才培养规格的调整。同时为进一步落实中国民用航空西北地区管理局和陕西省政府签订的《关于推进陕西民航高质量发展战略合作协议》，助力陕西枢纽经济、门户经济、流动经济发展升级，专业群在《国家职业教育改革实施方案》的指导下，通过扩建民用航空器维修培训基地，打造集"实训教学、科技研发、社会培训、创新创业"多功能于一体的"产、教、研、培"综合体。

二、主要做法

专业群引入企业建设中"人、机、料、法、环"的管理理念，通过"引人才、建基地、立标准、建资源、促发展"五方面配合，打造多功能民用航空器维修培训基地。按照飞行标准司局发明电〔2021〕1509《关于规范以产教融合方式开展执照培训的通知》要求，在教学体系之下建立与之相适应的企业管理模式，组建了以校长为责任经理、二级学院院长为培训经理的管理层，聘请中航飞机西安民机有限责任公司、海南汉莎技术培训有限公司等企业的校外专家为技术指导，专业群教师为主要实施人员的基地建设专项工作组。工作组确定以产教衔接与产教融合两者兼容的基地建设模式，进行民用航空器维修培训基地的扩建工作，保障航空工程特色专业在校生实训教学培养的同时兼顾校外相关领域专业人员的社会培训（如图1所示）。

图 1　民用航空器维修培训基地建设思路

（一）依据新规，引人才

专业群为满足 CCAR-147R1《民用航空器维修培训机构合格审定规则》中第 147.14 条"（3）具有足够的与培训执照类别相适应的实作培训教员，应当持有对应类别的航空器维修人员执照，并至少具有对应类别航空器 5 年（含）以上的维修经验"的要求，针对当时实作培训教员未符合规则要求的情况，通过外引人才的方式，在 2021 年引进了 4 名具有民航维修经历和维修执照的实作培训教员，来扩充基地教师队伍建设（如表 1 所示）。

表 1　民用航空器维修培训基地引进教员情况

序号	姓名	工作经历	工作年限	相关证书
1	赵锋	2009.7—2010.3 长安航空维修工程部 2010.3—2015.7 大新华航空技术有限公司 2015.7—2021.6 海航航空技术有限公司	民航 12 年	TA、Ⅰ类机型培训（ME）、 A319/A320/A321 Ⅰ类机型培训
2	王学龙	2011.8—2021.11 广州飞机维修工程有限公司	民航 10 年	TA、A319/A320/A321 机型培训 AVⅡ类、 A330-200/300 机型培训 AVⅡ类

续表

序号	姓名	工作经历	工作年限	相关证书
3	程恬	2014.8—2021.11 东航技术西北分公司	民航7年	TA、A319/A320/A321AV Ⅱ类
4	丁信龙	2016.7—2019.7 南方航空三亚维修厂 2019.8—2021.11 东航技术西北分公司	民航5年	TA、A320CEO 机型Ⅱ类培训

(二) 围绕流程，建基地

专业群通过充分调研民航维修企业，围绕 AC-147-FS-001R1《维修培训机构申请指南》中 B.2.3 条"培训设备设施要求"建设流程，统筹规划民用航空器维修培训基地的硬件设施建设。按阶段分步实施，通过飞机维修实训、飞机维修基本技能实作、理论培训三大平台的建立，针对职业教育中职业性和实践性的特点，将教学过程与实际工作过程相对接，突显出基地的感知性、沉浸性、交互性培养。

飞机维修实训平台以一架退役 B737-300 飞机为主体，借助真实飞机，让航空维修人员在直观感受真实工作环境下，对飞机整体进行系统化实训学习，重点提升维修人员的综合维修能力（如图2所示）。飞机维修基本技能实作平台包括电子车间、机械车间在内的6个功能不同的实训室，主要针对维修人员开展航空器维修人员执照（TA）培训中"M7、M8模块"中所有实作课程的培训与考核工作；理论培训平台提供 TA 执照培训中"M1~M6模块"中所有理论课程的培训与考核工作。通过三大平台的建设，采取理实结合的教学方式，进一步提升学生的创造力、开发力，以及独立分析和解决问题的能力。

图2 民用航空器维修培训基地飞机维修实训平台

(三) 对接规范，立标准

专业群充分考虑产教衔接与产教融合培训的不同特点，对接 MD-FS-2018-059《民用航空器维修人员执照考点评估规范》、AC-66-FS-002R1《航空器维修基础知识和实作评估规范》，建立民用航空器维修培训基地的标准化实施文件（如图 3 所示）。完成《管理手册》《工作程序手册》《教学大纲》和《实作评估规范》等多项标准文件的建立，并搭建了与标准文件相适配的网络管理平台。

《教学大纲》编写过程中，按照 CCAR-149R1 第 15 条要求，包括 TA 执照所有适用的培训模块。明确每个理论培训模块所配备的书面培训教材、培训课件、培训设备及学时要求。《实作评估规范》旨在明确 TA 执照实作评估实施的要求和细则，通过开发包含飞机发动机高压级活门拆装、起落架控制钢索的检查与张力调节等 10 个评估项目，涵盖 TA 执照中 M7、M8 模块的所有内容，同时明确了维修实作模块各培训项目对应的培训场地、设备、文件资料和学时要求。

图 3　民用航空器维修培训基地标准化实施文件

（四）聚焦重点，建资源

专业群聚焦实训教学过程中专业性和兼容性的特点，有针对性地推进工学结合的基地资源建设（如图 4 所示），包括建立与之适应的工作手册式教材、数字化课件、实训工卡、考核题库以及网络化考核平台等资源，进一步保证民用航空器维修培训基地的培训质量。同时，秉承技能与精神并重的理念，将"弘扬工匠精神，助推航空维修"的职业精神贯穿于基地文化建设和实践教学的全过程中。

图4　民用航空器维修培训基地的资源建设

(五) 完善机制，促发展

专业群在民用航空器维修基地建设中，建立完善的组织保障、制度保障以及过程保障。在组织保障方面，成立校内外专家组成的基地建设专项工作组，由二级学院院长任组长，全面负责基地建设。在制度保障方面，建立《民用航空器维修培训基地项目建设运行和管理制度》，确保基地建设目标明确，责任落实到人；加强基地建设的质量控制，合理配置项目资源，降低项目风险；同时坚持开源节流、厉行节约，科学规划资金使用，严格执行国家对专项资金的管理要求和规定，确保专项资金专款专用，不断提高专项资金的使用效益。在过程保障方面，专项工作组对基地建设项目实施全过程管理。项目建设执行日常监督检查，每月召开工作例会，项目负责人汇报建设进度，领导小组总结建设过程中的经验，布置下一阶段的建设任务，保证建设项目的进度和质量。多重保障机制，有利于促进民用航空器维修基地的良性化发展。

三、成果成效

（一）打造产学一体平台

围绕基地建设，专业群牵头制定1项国家职业教育《飞机机电设备维修专业实训教学条件建设标准》；依托基地，专业群于2020年成功获批国家级航空机电类"双师型"教师培养培训基地和省级高技能培训基地；联合西安鼎飞翼航空科技有限公司申请的"飞行器维修与数字化制造技术职业教育示范性虚拟仿真实训基地"成功获批国家职业教育示范性虚拟仿真实训基地培育项目。

专业群与航空工业西飞民机、西安鑫旌航空科技有限责任公司等企业合作，兼顾教学的同时，辅助完成航空产品制造任务和飞机复合材料加工制造任务，产值高达563万元。

近3年，依托民用航空器维修培训基地，向航空维修、制造企业定向输送毕业生580余人；组建了一批参与度高、辐射面广的技能竞赛社团，进一步提高了在校生学习自主性和积极性，在学生中形成辐射、带动作用。近3年，学生荣获全国职业院校技能大赛高职组"嵌入式技术应用开发"赛项团体一等奖1项，"飞机发动机拆装调试与维修"赛项团体三等奖2项，"互联网+"大赛金奖1项，"挑战杯"竞赛金奖1项，中国国际飞行器设计挑战赛团体三等奖1项，全国高校模拟飞行锦标赛飞行爱好组三等奖1项。

（二）打造研培一体平台

依托民用航空器维修培训基地、国家级创新团队资源，瞄准"航空装备深度修理"主线，完成"B737NG飞机维修数据采集项目""某型地面雷达维修平台研制项目"等横向课题13项，到款额135.35万元；完成"飞机起落架收放指示教学系统研发""'1+X'证书制度与民航维修执照融合的人才培养探索与实践应用"等纵向课题10项，到款额153.2万元。

充分发挥民用航空器维修培训基地的作用，实现技能培训、技能鉴定、技能等级认定等多方面的社会服务能力，做好同领域、同行业的服务工作。利用国家级"双师型"教师培养培训基地、高水平教学团队等优势资源，3年来为5706工厂、南京工业职业技术大学等50余家企业和兄弟院校开展飞机维修基本技能师资培训、飞机维修技能培训等社会服务，专业群培训累计达到18 952人·日。

四、经验总结

实践教学是提升高职学生动手能力和团队合作意识的重要手段，专业群从人才培养需求出发，深入研究，勇于实践，通过"引人才、建基地、立标准、建资源，促发展"五方面配合，完成民用航空器维修培训基地的建设。这不仅是学生职业素养与专业技能的培训平台，亦是提升学生创新创业的能力平台，更是承担社会职业技能培训的服务平台和转化职业院校应用科研能力的科研平台，彰显出飞机机电设备维修专业群新时代的职业教育特色。

五、推广应用

本案例适用于高水平专业群建设领域，对于提高专业建设、优化人才培养、创新实践教学模式、打造高质量实践教学基地等方面具有可复制、可借鉴的价值。案例推广应用到北京电子科技职业学院、兰州资源环境职业技术大学、嘉兴职业技术学院等多所高等院校，陕西省都市快报、北京时间等多家电台，全国多家网站均进行相关报道（如图 5 所示）。

图 5　多家媒体报道民用航空器维修培训基地

案例 7

技教融合，项目引领：基于现代学徒制的航测专业人才培养模式创新与实践

摘要：西安航空职业技术学院以国家级高水平专业群核心专业、教育部现代学徒制试点专业为抓手，与全球测绘独角兽企业——南方测绘集团深入开展校企合作，共建南方测绘产业学院，搭建"产、学、创、用"四位一体平台，以企业生产任务（横向课题）为载体，推动八个转化，实现六个共同；坚持"二维四步五析"，校企联合制定并实施了以企业生产任务为载体的模块化教学模式，构建了"熟手—能手—高手"的学生学徒培养路径，创建了教学型、技术服务型校企自如切换的教学创新团队，形成了"技术服务与课堂教改一体化"的"技教融合"改革创新。

关键词：项目引领；技教融合；现代学徒制；二维四步五析

一、实施背景

西安航空职业技术学院与南方测绘集团（行业世界四强），以摄影测量与遥感技术专业（以下简称"航测专业"）教育部现代学徒制试点专业为基础，针对航测专业人才培养和技术技能服务难融合的问题，在1项教育部重点课题、4项省级教改课题和"西藏G6线那曲至格尔木航测内业数据处理项目"等12项横向课题的支撑下，校企以现代学徒制培养模式为主渠道，"搭平台、建机制、聚资源"，推动航测专业入选教育部现代学徒制试点，按照"横向课题引领、项目化过程监控、产品质检标准检验"，形成了"技术服务与课堂教改一体化"的"技教融合"改革创新。

二、主要做法

校企双元搭建了企业生产技术服务与学校教育教学深度融合的"技教融合"平台，开发以企业生产任务为载体的课程单元模块，在提升学生能力的同时解决企业生产任务难完成的问题，推进学生成才、教师成长和专业发展三位一体发展（如图1所示）。

（一）搭平台：技术技能服务与人才培养一体化

按照"共建、共管、共享"的原则，南方测绘集团投入软硬件设备设施共计500余万元，校企互聘人员48人，共建南方测绘产业学院。推动资源共享、人员共用、技术共研、

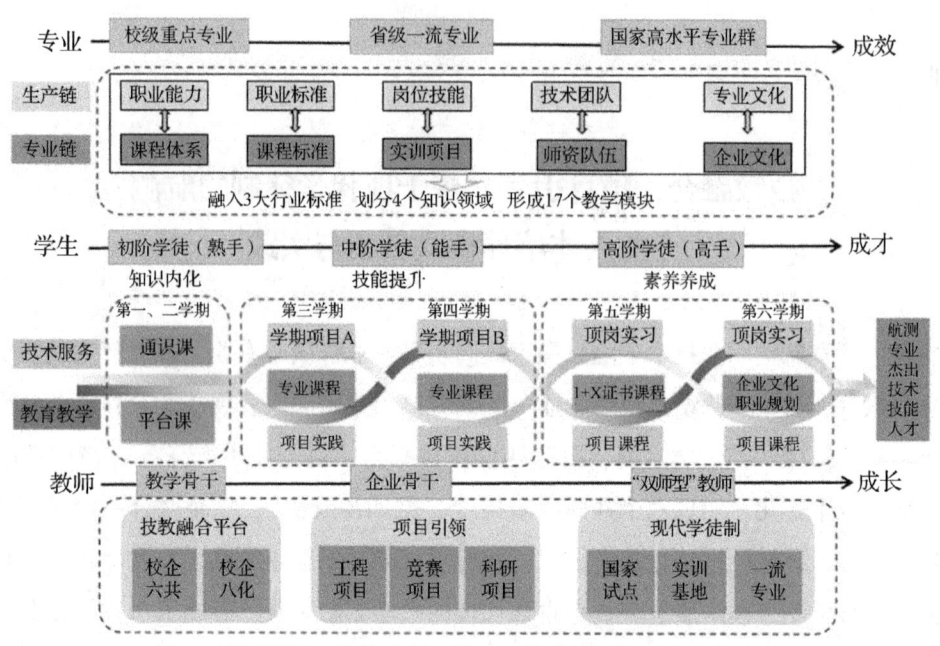

图1 项目引领，技教融合：基于现代学徒制的人才培养模式

功能互补，实现学校教学资源与行业最新技术同频共振，构建了集"产、学、创、用"四位一体，互补、互利、互动、多赢的实体性人才培养创新平台。推进校企招生招工一体化、生产育人一体化。主动融合"1+X"证书制度改革，将国家职业标准有机融入人才培育方案。推进产业发展（主流技术）需求经过"教育化""课程化"后转变为管理规程、课程体系、技术项目、教学模块等，推进教师、教材、教法改革，提高人才培养的适应性和针对性（如图2所示）。

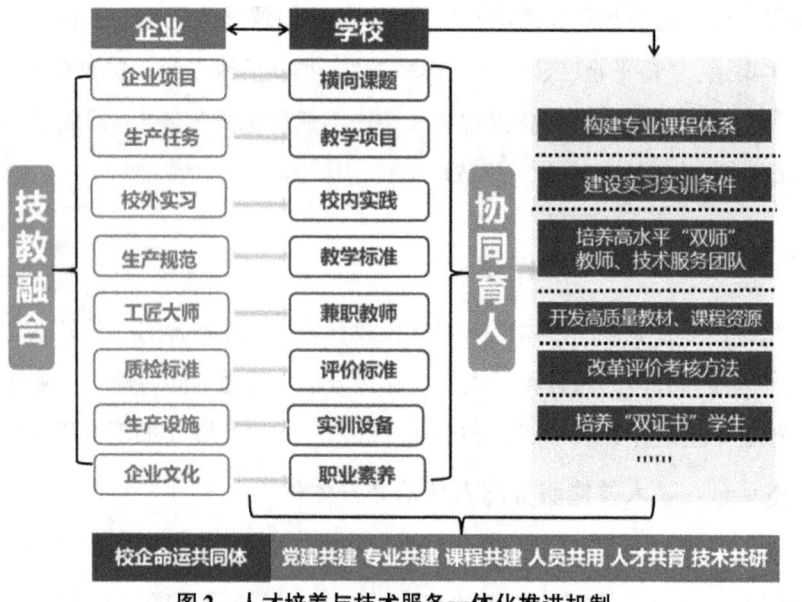

图2 人才培养与技术服务一体化推进机制

（二）建机制：人才培养与技术服务一体化

校企联合制定并实施了以企业生产任务为载体的模块化教学模式，建成与企业生产无缝衔接的校内实践基地，实现八个转化：企业项目转化横向课题，生产任务转化教学项目，校外实习转化校内实践，生产规范转化教学标准，技术人员转化兼职教师，质检标准转化评价标准，生产岗位转化教学工位，企业文化转化职业素养。

以企业产品检验标准为导向，以学徒终身职业能力发展为目标，构建多元化教学评价体系。一是在评价主体上突出校企双元，将企业员工职业生涯规划与发展延伸至学徒培养中，将企业选人、用人、留人、育人的标准融入招生一体化过程中。二是在评价方式上凸显企业产品标准，包括将企业的岗位标准融入学徒的岗位培养、课程学习考核评价中，把高品质产品、高品质服务对产品细节把握的严格要求融入教学评价体系中（如图3所示）。

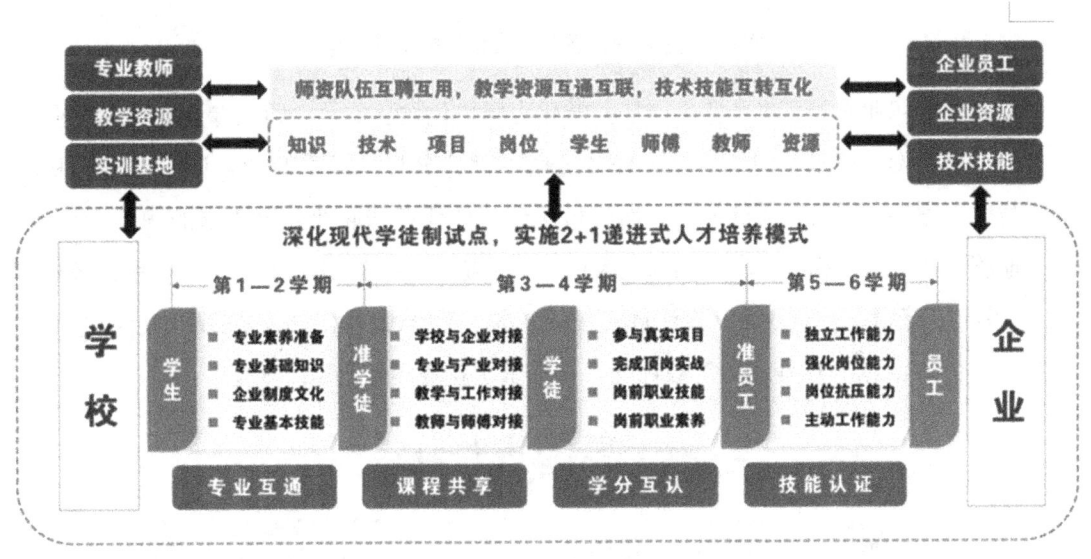

图3 深入校企合作，形成校企协同育人机制

例如，在黄陵县和湘东区全国第三次土地调查项目中，企业导师从两个项目的任务实施角度将其分解为4个任务、15个模块，学校导师从教学角度辐射出4门相关课程，校企双导师联合设计出生产任务与学习项目的模块和包括项目任务技术指标、职业素养等的考核方案。黄陵测绘现场开展"无人机测绘技术""测绘学基础"等6门课程理实一体化教学，校企联合开发《无人机测绘技术概述》等教材3本，项目数据合格率为97%，学徒获得企业方的高度赞誉，20名学徒逐渐成长为项目组长（如图4所示）。

（三）聚资源：校企育训资源开发一体化

按照育训结合要求，基于航测类内业生产任务，探索出"二维四步五析"的模块化教

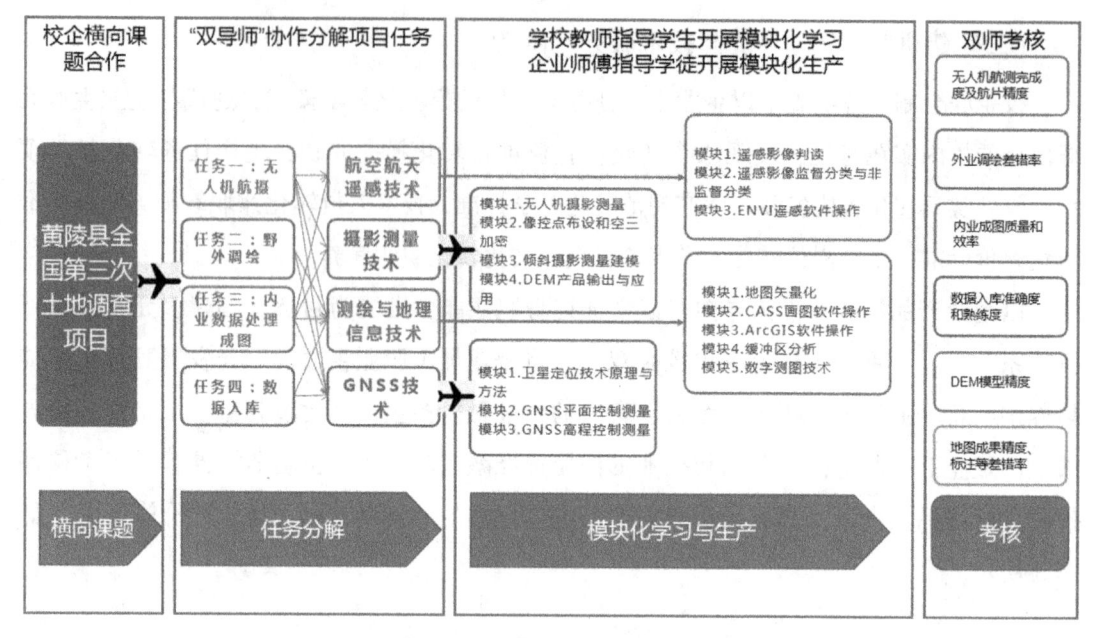

图 4　黄陵县全国第三次土地调查项目案例

学单位，融入职业素养，将企业生产任务转化为模块化教学单元。即从专业能力和职业素养二个维度出发，按照"岗位分工—任务分解—理论分析—素质融合"四个步骤，从知识、技能、方法、工具、目标五个方面解析达到工作任务和职业素养要求的职业能力点，融合航测类3个行业标准，将航测内业生产任务凝练为4个知识领域、17个模块化教学单元（如图5所示）。校企双元开发活页式教材2本，手册式教材3本，在线开放课程5门，制定了2个"1+X"职业能力等级标准，成为全国航测类专业建设规范。

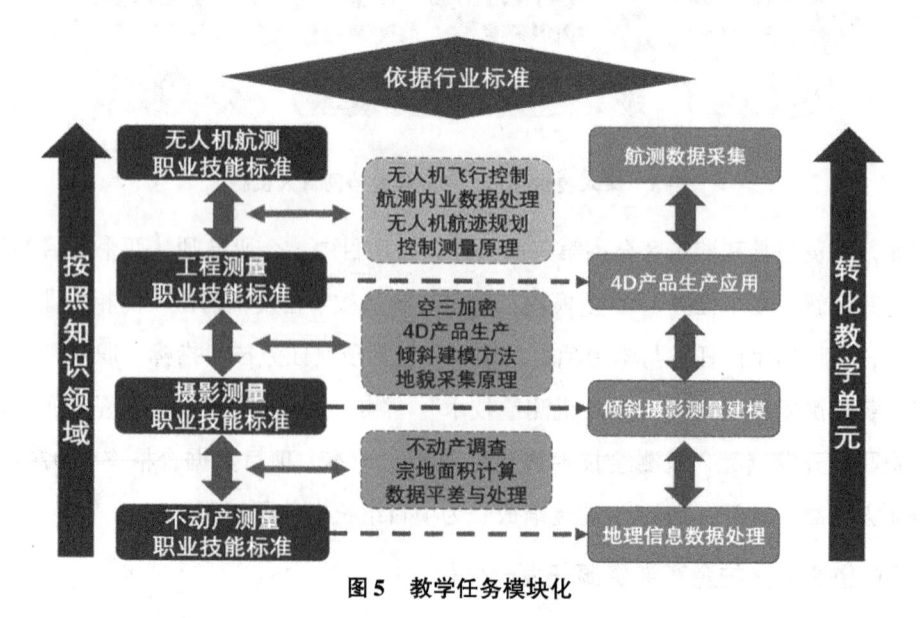

图 5　教学任务模块化

三、成果成效

（一）对接行业高端，推进六个共同

对接航测龙头企业，建立以航测高端企业主流技术为主线的校企创新平台，按照"物权自有、使用权共有、收益权共享"的原则，引进企业新技术、新工艺，将企业人员、软件、设备、技术、文化与学校资源有机结合，打造一体化校企创新平台，实现六个共同，即党团共建、专业共建、课程共建、人员共用、人才共育、技术共研，推行现代学徒制培养，有效解决企业人力资源短缺及高端航测技术人才培养难的问题。

（二）对接企业任务，创新育人路径

校企共建国家级生产性实训基地，实现了设备、技术、人员与企业同步更新。成立现代学徒制班，践行教学任务与生产任务深度融合，按照企业产品标准完成生产任务，解决企业人力资源短缺难题，实现"学徒—员工"零对接，为企业节约项目生产成本25%左右。有力促进本专业教育教学改革，入选国家级高水平专业群、国家骨干专业、省级一流专业，共建课程10门，互聘人员48人，学校承接企业横向课题20余项，形成12项现代学徒制文件。对接航测领军企业，以航测高端产业生产任务为载体，依照"知识获取—能力提升—素养养成"的职业能力提升要求，创建了"熟手—能手—高手"的培养路径。

（三）打造双师团队，校企自由切换

推行现代学徒制，校企双导师在"技教融合"的育人过程中，促进了学校教师企业服务能力、工程技术能力的提升；促进了企业导师理论知识、沟通能力的提升，建立产教间、校企间、双导师间的自由切换，形成相互支撑、相互促进的螺旋上升的校企自由切换、双向流动的机制，有效解决学校人才培养中存在的产教衔接紧密度不够、人才培养模式单一等问题。

四、成果总结

在技术服务中促进对教学的反哺提升。发挥现代学徒制成果的示范引领作用，全力推进现代学徒制反哺普通全日制专业的教育教学改革。按照现代学徒制的专业教学内容开发的理念、方法、手段和路径，开发基于岗位工作任务的专业教学内容，构建基于工作过程的专业课程体系，整合校企教育资源，形成校企合作的人才培养方案，加强校企合作，完善专业教学内容与资源建设。

五、推广应用

《光明日报》、中国职业技术教育等中央主流媒体专题报道,案例成为教育部全国现代学徒制试点工作15期培训班的主要培训内容,推广应用到天津中德职业技术大学、北京工业职业技术学院等40余所院校,在中国—新西兰现代学徒制国际研讨会等国际国内会议交流近10次。相关研究成果获得航空行指委教学成果一等奖1项、陕西省教学成果二等奖2项,发表论文10余篇,出版专著2部,获得授权专利8项。

案例 8

技能引领　创新实践课程体系

摘要：针对无人机应用技术专业群毕业生的职业资格对接度不高、缺乏创新精神等问题，专业群紧贴职业资格标准和岗位工作实际，以"工程应用、自主开发、提升技能"为原则，提出"三步四阶四岗五环"实践教学设计思路，重构课程体系；打造"虚、仿、实"实践设备平台，实施教学过程；形成"真、深、广、乐"实践案例，开展教学设计。在实践中改善学生知识和能力结构，提升生产技能和实践创新能力。

关键词：技能引领；无人机应用技术专业群；实践教学；课程体系

无人机应用技术专业群在人才培养过程中主动适应航空产业和区域经济建设的需要，针对无人机应用技术产业链中生产制造及系统集成环节的机电设备安装、调试、操控等岗位的技能需求，以及当前毕业生理论知识不扎实、实践动手能力不强、缺乏创新精神、可持续发展能力比较薄弱等问题，以学生职业工作岗位为切入点，打破课程知识壁垒，以"工程应用、自主开发、开放自主、技能提升"为原则，改革专业实践教学设计组织实施体系，帮助学生掌握相关知识，拓展工业实践技术水平，提升实际工业生产技能，培养创新意识，提升职业素养。

一、主要做法

（一）创新实践教学思路，重构实践课程体系

针对各专业课程分门教学、内容结构及知识技能衔接不够紧密、综合运用知识技能解决实践问题能力不足的问题，提出了"三步四阶四岗五环"的实践教学课程结构重构思路（如图 1 所示）。

依据课程结构重构思路，以知识结构构建"认知→设计→开发"三步循序渐进的学习规律，设计各阶段的学习目标。依据目标达成要求，以知识技能提升"基础应用→典型案例→综合开发→特色发展"的四层进阶的应用需求，设计各阶段项目内容及实践平台，通过基础应用项目认知机电设备控制系统；通过典型案例熟悉机电设备控制系统设计流程，通过综合开发和特色发展项目掌握系统开发思路及方法。提出"以岗位建课程，以项目撑岗位"的思路，按本专业方向四种典型岗位组织实践教学。以任务驱动的方式，按照"学习目标→学习任务→背景知识→任务实施→知识巩固"五环节实施教学。

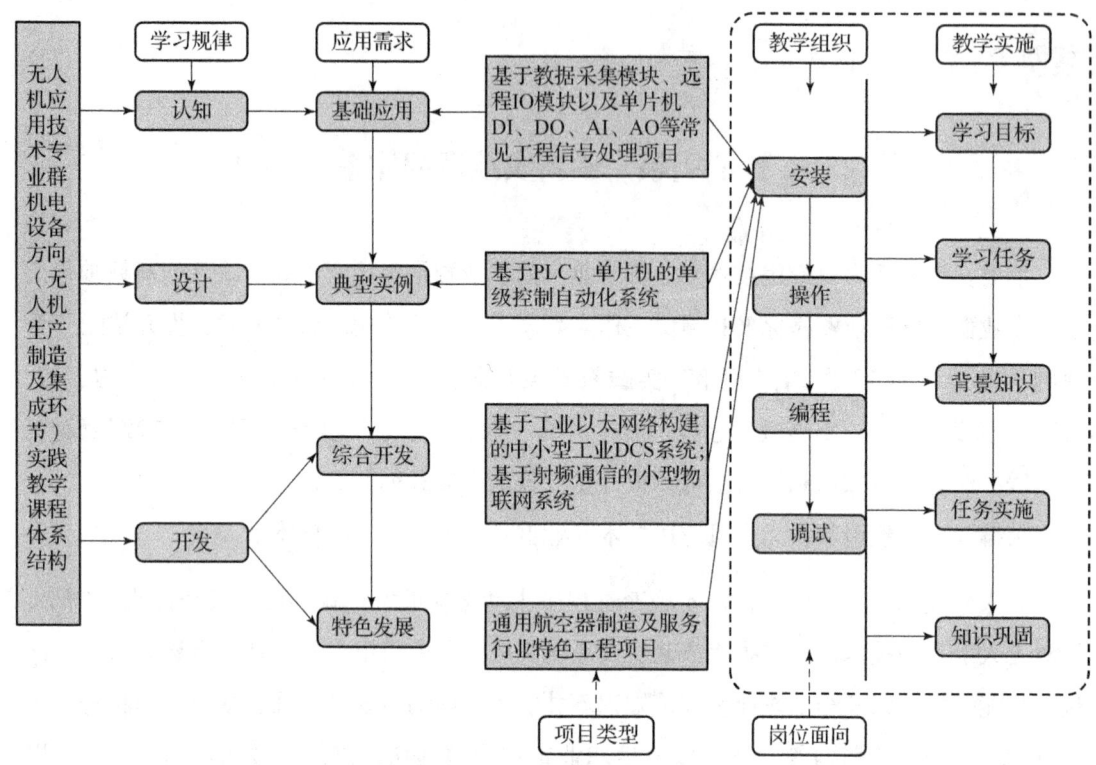

图1 "三步四阶四岗五环"实践课程体系

（二）开发实践教学项目，开展实践教学设计

针对目前机电设备方向实践教学过程中存在的对接岗位核心能力培养的实践教学资源有待快速充实和更新等问题，以CDIO工程教育理念为指引，结合企业生产实际、行业产业特色以及专业发展需求，突出"工程应用、实践性强"的特点，选取与专业密切相关、切实可行的真实工业案例，打破课程知识壁垒，以项目需求为目标，开发"基础→典型→综合→特色"逐级提升的，融会贯通电气控制、检测、DCS、PLC、单片机、HMI及网络通信多个方面的10余种不同应用要求的实践项目，实现各项控制技术的深度应用。项目化教学设计过程中采用大项目、小任务的方式，将不同技术要求的项目多级分解、逐步实施，将各层次工程项目内容贯穿实践教学全过程，实现工作过程与学习相结合。

实践课程教学设计过程中，结合专业实践应用要求，突出"工程应用、实践性强"的特点，开发"基础→典型→综合→特色"逐级提升的四个不同层次的十大部分的20余项实践项目（如图2所示）。

（三）打造实践教学平台，实施实践教学过程

针对目前实践教学实施过程中存在的实践项目拓展具有局限性、学生创新思维能力的培养难于落实等困难，贯彻产教融合理念，以创新思维能力培养为目标，结合实践项目教

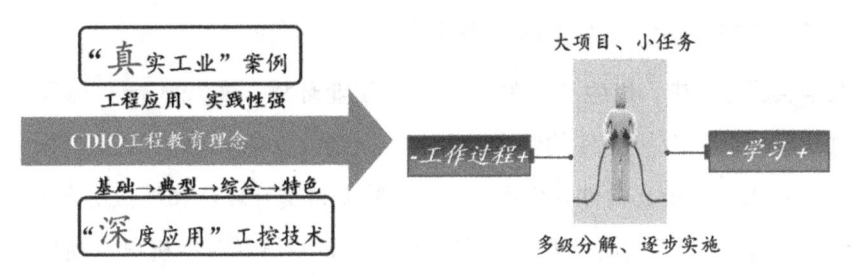

图 2 实践课程开发思路

学需求，突出"自拟自组、开放实施"的特点，选取实际工业级器件，研制开放式基础实践项目设备、开放式电气控制系统装调等多套综合和特色实践设备平台；运用 TIA Portal、Automation Studio 等工业生产软件，构建人机交互系统，虚拟工业环境。

教学实施过程，将模仿与创新相结合，利用开放式平台，以搭积木的方式自拟、自组典型工业生产模拟设备，激发学习兴趣；通过无人机控制电路设计、安装、调试以及下位机控制程序编写、上位机系统开发，工业以太网络构建等任务环节的开放实施，完成具有行业广泛性的、符合工程标准的规定及创新实践项目；通过高度仿真机电设备控制系统调试和运行过程，将离散知识结构化，提升学习成就感。通过切身实践，了解该领域的先进技术，建立系统知识体系以及系统设计方法，锻炼知识的灵活运用及创新能力，提升实际工业生产技能以及实践创新能力（如图 3 所示）。

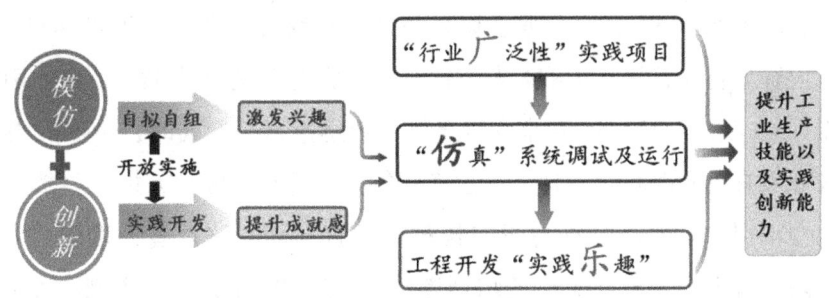

图 3 实践教学实施方法

二、成果成效

（一）形成"三步四阶四岗五环"实践课程体系

按照技能人才培养岗位的针对性、培训过程的动态性以及技能提升的渐进性等特点及规律，以职业岗位需求重构专业实践课程结构框架，提出"三步四阶四岗五环"实践课程设计组织实施体系，重构具有连续性、选择性特点的专业实践教学体系，使学生通过多阶段工作任务的逐步实施形成完整岗位知识结构。

（二）打造"虚、仿、实"实践设备平台

实践教学实施过程中，以生产软件"虚拟"工业环境、实践平台"仿真"典型机电产品，通过"实际"工业级器件的综合应用，拓展学生工业实践知识及实际工业生产技能。"虚"，通过工业级仿真软件等生产软件，构建人机交互环境和模拟仿真环境，模拟生产设备调试和运行。"仿"，通过开放式实践平台，高度仿真典型机电产品生产设备及过程，且硬件系统采用"搭积木"的思想，可"自拟、自组"不同功能的系统。"实"，平台使用器件均为工业级器件，且以智能生产行业工程实际应用项目为载体，设计、实施完整的、符合工程标准的机电设备控制系统。

（三）形成"真、深、广、乐"实践案例

项目载体对接行业真实案例，项目要求贯彻企业标准，实际践行工程案例应用的"真度"；项目开发融合工控领域主流技术，项目设计紧跟行业发展方向，探索工控技术应用的"深度"；项目内容延展产业链，项目实践创新工程应用，拓展工控技术行业应用的"广度"；项目实施模拟项目设计、构思、研发和实现过程，体验工程项目开发的"乐度"，帮助学生内化形成良好的岗位职业素养。

随着无人机应用技术专业群相关专业实践教学课程体系的逐步实施，以及实践教学设计和设备平台的逐步推广，专业学生实践动手能力增强，专业技能得到快速提升，职业资格证书获取率达100%，全国职业院校技能大赛获奖率和获奖等级逐年突破，近5年校级技能大赛参赛人数累计1 824人，省级技能大赛获奖累计120余项，国家级技能大赛获奖累计40项。学校订单培养战略合作企业迅速增长。同时，本专业群利用专业优势，积极开展有关实践教学设计、学生实践能力提升路径经验，以及技能培训等方面的交流和社会培训，完成陕西省高职院校教师师资培训、陕西省中职学校"双师型"师资培训、陕西省中职学校IHK师资培训等9期，共400余人次，得到了参培院校的充分认可和高度评价。

三、经验总结

技能人才标准是和岗位任务相联系的，培养技能人才，就要帮助其具有系统性的知识结构及丰富的实践经验，其中生产岗位的实操训练起着重要作用。西安航空职业技术学院无人机应用技术专业群不断健全学岗合一的职业能力养成内容，以岗位核心能力需求为主线，依据技能人才培养岗位的针对性、培训过程的动态性以及技能提升的渐进性等特点和规律，重构基于岗位工作过程的具有选择性、连续性以及完整性特点的实践课程体系，同时引入企业真实案例，分级、分类梳理出工程项目任务所考查的知识点、技

能点,开发多层次教学项目,实现工程项目向学习项目的转换。在实践教学设计过程中,打破基于学科体系的自上而下的知识与技能关系,瞄准职业岗位,强调知识对于操作技能的指导作用,加强操作技能的实践应用,确保学生掌握胜任岗位所需要的基本知识和技能。

案例 9

探索育人新模式　助力成长促发展

摘要：无人机应用技术专业群紧紧围绕人才培养目标的要求，坚持以习近平新时代中国特色社会主义思想为指导，围绕立德树人的根本任务，深化育人工作规律认识，完善德育工作体制机制，结合专业群工作实际，探索出有专业群特色的育人思路和育人路径，形成以党建引领方向、建立协同育人机制、提升育人深度广度、满足学生成长发展需求的育人新模式，培养出"德技并修"的高素质技术技能人才。

关键词：立德树人；"三全"育人；模式构建

一、主要做法

无人机专业群构建"12345"育人新模式，讲政治、高站位，以"党建引领"培根铸魂，明确培养什么样的人；促协同、激潜能，以"两风建设"正向牵引，学风校风互促互进；抓学习、深培养，辅导员队伍、教师队伍、思政教师队伍"三支队伍"齐抓共管；搭平台、建载体，实现课堂、心理、资助、管理"四个维度"相得益彰；全过程、多维度，德智体美劳"五育并举"落实立德树人，切实打造有温度、有效度、有广度的育人途径（如图1所示）。

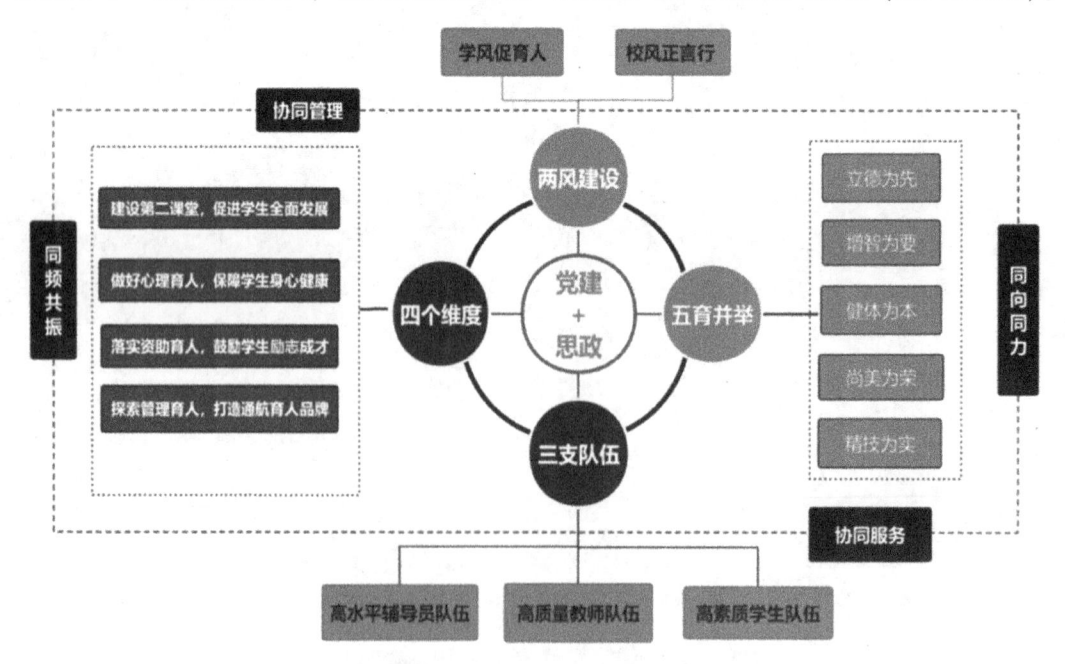

图1　探索实践"12345"育人新模式

(一)坚持以党建为引领,坚定人才培养方向

一是持续强化党的理论教育。以坚定理想信念宗旨为根基,组织全体师生开展"观红影、听党课、诵党章""学讲话、忆初心、传播正能量"等特色活动,培养具有坚定的政治立场、强烈的政治意识、正确的政治方向的优秀学生。二是不断抓牢思想政治教育。积极开展课程思政活动,召开课程思政建设研讨会,在40余门课程中融入思政元素,形成课程思政案例集,"传感器技术与应用"课程于2021年5月入选教育部全国课程思政示范课程(如图2所示)。

图2 专业群王瑜瑜等教师入选全国课程思政教学名师

(二)两风建设正向牵引,营造育人良好氛围

一是建立党团班社联合育人机制。开展"共话无人机""无人机科普讲座"等共青团主题活动日(如图3所示),召开学风校风建设师生座谈会、主题班会、主题讨论,将爱国、敬业、诚信、笃学等主题思想教育融入党团活动和学生活动。二是建立学业指导机制。安排辅导员、班主任、任课教师常规开展随机听课和学业辅导,全面了解学生学习状态,教育帮助有困难学生,整体促进学风建设。三是多维拓展第二课堂。开展"大国工匠进校园"等活动,做好思政教育和引领,促进良好校风学风的构建。

图3 创客无人机社团开展科普活动

(三) 三支队伍齐抓共管，建立协同育人机制

统筹整合辅导员、专任教师、思政教师三支队伍，形成学生工作队伍协同育人合力。一是建设高水准辅导员队伍，不断提高辅导员的职业素养和工作能力，加强辅导员专业化、职业化制度建设。二是依托高水平专业教师队伍，创新课堂授课和考核方式，转变为以"学"为中心。无人机应用技术专业群定期组织召开"通航大讲堂"，分享教学经验，指导无人机创客社团开展活动。三是打造学科基础厚实的思政课教师队伍，选聘政治好、师德好、业务好的专业教师为思政教师，且每年参加实践教育活动至少1次。陈金瓶、王超2名教师经考核合格进入思政教师队伍，多名思政教师参与指导了大学生暑期"三下乡"实践活动。

(四) 四个维度立体搭建，突出重点互补联动

按照"第二课堂积分制""心理育人""资助育人"和"管理育人"四个维度，开展全方位的素质教育。以学分制度为评价标准，引导学生自觉、积极地参与各项活动，构建良好的第二课堂教育环境。以心理育人为成长保障，通过定期对特殊学生进行家访等途径，巩固心理指导老师的育人主体作用和辅导员的育人骨干作用。以资助育人为激励手段，利用假期走访经济困难学生家庭，与受助学生家庭沟通，了解家长有效建议，共同做好资助育人工作。以管理育人为教育方法，积极开展各种调研、座谈、评教活动，增强管理育人工作的透明度、民主性，构建和谐的师生关系。四个维度共同作用，立体保障学生的全面成长发展。

(五) "五育并举"因材施教，全面发展素质教育

专业群始终以学生为本，创新教育载体，积极探索实践教育，形成了具有无人机应用技术专业群特色的"感恩、责任、忠诚、奉献"的育人理念。教师充分考虑学生差异性较大的特点，课程标准和教学设计满足不同类型、不同层次的学生的需求，确定具体实施目标，不仅培养全面发展的人才，还注重培养具有创新精神、创新能力的拔尖人才。通过组织学生参加"互联网+""挑战杯""技能大赛""科技之春""三下乡"等活动，培养不同特点的学生，将爱国精神、工匠精神、劳动精神和体育精神等融入人才培养全过程，全面提升学生专业技能与职业素养，助力学生分类成才。

二、成果成效

无人机应用技术专业群密切围绕全员、全过程、全方位育人策略，着力推进有效度、有温度、有广度的育人新模式。

（一）会聚“育人合力”，提升育人“效度”

一是集结名师强特色，立德树人添活力。以航空专业特点为底色，注重培育“思政＋专业”的师资团队，辅导员获陕西省高校“万名学子扶千村”大学生暑期社会实践脱贫攻坚专项活动优秀指导教师、西航职院辅导员能力大赛二等奖等各项荣誉20余次；专业教师指导学生积极参与“科技之春”、创新创业等活动，荣获“互联网＋”大赛全国银奖、全国校联会“网上金课”等各类奖项30余次。二是携手产业学院，聚力协同育人，紧跟职教时代脉搏，在教与学、学与用、知与行等环节求新求变，创造性探索实践育人与思政育人密切融合、同向同行的“大思政”育人格局。如图4所示，通用航空学院2018级无人机应用技术二班团支部荣获省级样板支部。

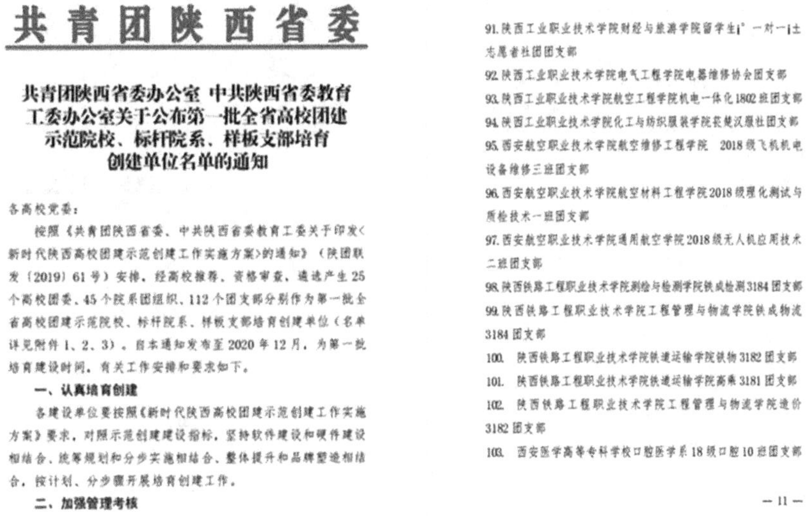

共青团陕西省委

共青团陕西省委办公室 中共陕西省委教育工委办公室关于公布第一批全省高校团建示范院校、标杆院系、样板支部培育创建单位名单的通知

各高校党委：

按照《共青团陕西省委、中共陕西省委教育工委关于印发<新时代陕西高校团建示范创建工作实施方案>的通知》（陕团联发〔2019〕61号）安排，经高校推荐、资格审查，遴选产生25个高校团委、45个院系团组织、112个团支部分别作为第一批全省高校团建示范院校、标杆院系、样板支部培育创建单位（名单详见附件1、2、3）。自本通知发布至2020年12月，为第一批培育建设时间。有关工作安排和要求如下。

一、认真培育创建

各建设单位要按照《新时代陕西高校团建示范创建工作实施方案》要求，对照示范创建建设指标，坚持软件建设和硬件建设相结合、统筹规划和分步实施相结合、整体提升和品牌塑造相结合，按计划、分步骤开展培育创建工作。

二、加强管理考核

91.陕西工业职业技术学院财经与旅游学院留学生“一对一”志愿者社团团支部

92.陕西工业职业技术学院电气工程学院电器维修协会团支部

93.陕西工业职业技术学院航空工程学院机电一体化1802班团支部

94.陕西工业职业技术学院化工与纺织服装学院荟楚汉服社团支部

95.西安航空职业技术学院航空维修工程学院 2018级飞机机电设备维修三班团支部

96.西安航空职业技术学院航空材料工程学院2018级理化测试与质检技术一班团支部

97.西安航空职业技术学院通用航空学院2018级无人机应用技术二班团支部

98.陕西铁路工程职业技术学院测绘与检测学院铁成检测3184团支部

99.陕西铁路工程职业技术学院工程管理与物流学院铁成物流3184团支部

100. 陕西铁路工程职业技术学院铁道运输学院铁物3182团支部

101. 陕西铁路工程职业技术学院铁道运输学院高乘3181团支部

102. 陕西铁路工程职业技术学院工程管理与物流学院造价3182团支部

103. 西安医学高等专科学校口腔医学系18级口腔10班团支部

— 11 —

图4　通用航空学院2018级无人机应用技术二班团支部荣获省级样板支部

（二）优化“育人过程”，提升育人“温度”

一是“立德树人＋培育”过程，筑牢理想信念，营造以文化人的氛围，建立“学院大讲堂”“社团趣享新知”“班级萌盟”“青年理论学习方队”四级学习联动机制，确保习近平新时代中国特色社会主义思想进教材、进课堂、进头脑。二是“立德树人＋管理”过程，强化价值引领、优化管理机制、完善保障措施，构建课程、科研、实践、文化、网络、心理、管理、服务、资助、组织等育人矩阵，实现资源共享、平台对接、优势互补的管理格局。如图5所示，陈泽润同学荣获省级“百名团干讲团史”三等奖。

（三）拓展“育人空间”，提升育人“广度”

一是构建新媒体育人矩阵，紧扣当代大学生“互联网原住民”的特点，整合“易班

平台"和"学院官方微信平台"为主的各类网络思想文化阵地，探索形成"互联网＋思政"工作格局。二是推行"课程＋思政"课堂教学改革，融合各类课程、资源、师资与思政教育同向同行、协同发力，充分发挥课堂育人主渠道作用。

图 5　陈泽润同学荣获省级"百名团干讲团史"三等奖

三、经验总结

无人机应用技术专业群根据学生特点，构建起"12345"育人新模式，使立德树人的根本任务落在实处，紧扣"党建引领一切工作"这根弦的思想，培养具有坚定的政治立场、强烈的政治意识、正确的政治方向的优秀学生。

从育人合力、育人过程和育人空间三个方面提升育人的"效度""温度"和"广度"。以航空专业特点为底色，用"思政+专业"的师资团队，在教与学、学与用、知与行等环节求新求变。优化"立德树人+培育""立德树人+管理"过程，营造文化育人氛围，实现资源共享、平台对接、优势互补的管理格局。融合各类课程、资源、师资与思政教育同向同行、协同发力，充分发挥课堂育人主渠道作用，全面提升学生专业技能与职业素养。在四个维度开展全方位的素质教育，保障学生全面成长发展。形成"互联网+思政"工作格局，推行"课程+思政"课堂教学改革，紧紧围绕全方位育人策略，着力推进育人模式的广度。

通过对育人新模式的探索与实践，无人机应用技术专业群从学生实际需求出发，在不同角度、不同层面、不同维度加强对学生的关注、关心和关爱，切实解决学生在学习、生活、工作中的问题，实现学生的教育管理工作得人心、暖人心、稳人心。

第三部分

优化师资结构 夯实人才基石

案例 1

实施"四心"工程　打造高水平师资队伍

摘要：西安航空职业技术学院深入贯彻落实中共中央、国务院《关于全面深化新时代教师队伍建设改革的意见》和教育部等六部门《关于加强新时代高校教师队伍建设改革的指导意见》等文件精神,对标"打造高水平双师队伍"的"双高计划"建设任务,认真研究对双师队伍建设的要求,并根据学校发展条件,坚持"人才强校"战略,紧紧扣住"高水平""双师型"两个核心要素,实施"初心""靶心""匠心""恒心"的"四心"工程,在教师队伍建设方面取得了新的成效。

关键词："四心"工程；高水平；师资队伍

2018 年,中共中央、国务院颁布了《关于全面深化新时代教师队伍建设改革的意见》；2020 年,教育部等六部门印发了《关于加强新时代高校教师队伍建设改革的指导意见》。西安航空职业技术学院从战略高度充分认识教师队伍建设工作的重要性,将全面加强教师队伍建设作为学校一项重大的政治任务,特别是在"双高计划"建设以来,学校按照"整体有规划、个体有谋划"的原则,实施了"初心"强基、"靶心"瞄准、"匠心"提升、"恒心"改革等"四心"工程,在教师队伍建设方面实现了新的发展。

一、"初心"强基工程,把牢师德关,筑牢立德树人之魂

学校以习近平新时代中国特色社会主义思想为指导,全面贯彻党的教育方针,以"立德树人"为根本,构建了"一个引领、两个结合、三个保障、五个活动"的"1235"师德师风建设长效机制,即坚持思政为引领,做到与"西航精神"和"航空精神"相结合,筑牢"体制机制、顶层设计、监督考核"三个保障,开展"教育培训、宣誓承诺、评优树模、教师座谈、警示教育"五个活动。

（一）坚持思政引领

学校成立了陕西高职院校首家马克思主义学院,整合校内外优质资源,搭建"思政大讲堂"（如图 1 所示）和"红帆学社"两个思政互动平台,深化思想政治理论课教学改革,创新实施"一体两翼"思政课教学模式,不断完善"大思政"格局,提升思政育人工作水平。"双高计划"建设以来,学校配齐建强思政课教师队伍,不断加强导学思政建设,始终坚持思政课程和课程思政同向同行、日常思政工作和思政课程同频共振,深入推

进课程思政和思政大练兵，牢固树立马克思主义在意识形态领域的主导地位。

图1　思政大讲堂

（二）做到两个结合

1. 与"西航精神"结合

学校将"艰苦创业、团结奉献、育才树人、航空报国、追求卓越"的"西航精神"与师德师风建设有机结合、引导广大教师爱校、荣校、强校、兴校，静心从教、潜心育人。

2. 与"工匠精神"结合

学校通过怀匠心、铸匠魂、守匠情、践匠行，将"工匠精神"与师德师风建设有机结合，教育教师坚守执着、精益求精、专业专注、追求极致、一丝不苟、自律自省，争做"四有"好老师，为学校发展前行汇聚源源动力。

（三）筑牢三个保障

1. 健全体制机制

学校成立了党委教师工作部和师德师风建设委员会，形成了党委集中统一领导，党政齐抓共管，教师工作部门统筹协调，各部门履职尽责、协同配合的大教师工作格局。

2. 强化顶层设计

学校将师德师风建设纳入学校年度党政工作要点，并进行顶层设计、统筹规划，领导班子定期对师德师风建设工作进行分析和研判，印发了《西安航空职业技术学院师德师风建设实施方案》，对学校未来3年师德师风建设工作作出总体规划。

3. 落实监督考核

学校出台师德考核和负面清单制度文件，做到师德师风考核全覆盖，在教师职称评审、职务晋升、评优评先、绩效考核时，将师德师风考核作为首要条件，实行"一票否决"制。

（四）开展五个活动

1. 进行全员师德教育培训

学校每年重点开展青年教师、辅导员、骨干教师、思政教师等专项师德教育。长期与国家教育行政学院合作，开展师德师风专题网络培训，定期根据中央、省级相关要求更新学习内容，形成了学校教师年度轮训的制度。

2. 举行教师宣誓承诺

利用教师节和新入职教师岗前培训等特殊时间节点，在全校范围内全面开展教师宣誓活动（如图2所示），强化广大教师师德意识，践行师德承诺，加强职业道德修养，引导广大教师不忘教书育人初心、牢记立德树人使命。

图2　2021年新教师入职宣誓

3. 开展评优树模

结合教师节表彰活动，组织开展优秀党员、优秀党务工作者、先进教育工作者、先进教师和师德先进、教书育人楷模等评选活动，充分发挥先进典型的引领示范作用。

4. 召开教师代表座谈

每学期组织召开教师代表座谈会，为教师创造良好的交流平台，让大家对学校发展及教师个人发展畅所欲言，彰显教师的主人翁地位，进一步激发教师教书育人的责任感和使命感。

5. 开展师德警示教育

教师工作部与纪委纪检综合室联合组织开展失德违纪案例警示教育活动，印发了《师德师风警示教育学习汇编》学习资料，强化警示教育的实效性。通过参观廉政教育基地和反面典型案例，帮助教师严守师德师风红线，塑造个人良好形象，彰显西航人的精神风貌。

二、"靶心"瞄准工程，把准引聘关，顶天立地柔性共育

学校按照"着眼双高、谋划职业本科、长远十四五"的教师队伍建设思路，在政策上切实做到"顶天立地"，全面实施柔性人才引聘计划，努力建成一支数量充足、结构合理、素质优良、作风扎实、精干高效、适应新时代职业教育改革发展需要的教师队伍。

（一）"顶天立地"的引才聚才机制

学校制定了分层多级的人才引进办法，出台了《高层次人才引进办法》《大赛学生留校规定》等制度，针对领军人才、高技能人才等不同层次、不同领域的教师提供精准、强力、有效的政策支持。"双高计划"建设以来，共完成115名各类人才的引进工作。

1. 企业高端人才引聘计划

近两年，成功引进航空行业总师领军人才、航空工业一级专家、研究员级高级工程师1人。引进具有大中型航空企业工作经历的高级工程师5人，聘用2名具有丰富经验的企业退休高级工程师到学校长期任教。

2. 技术技能人才引聘计划

成功引进具有大型民用航空企业经历，同时拥有民用航空器维修执照的高技术技能人才6人，从学校参加全国职业院校技能大赛（国A）、"互联网+"大赛和"挑战杯"竞赛获奖的毕业生中选择了13人留校任教，其中留校的田东旭指导的学生在2021年"互联网+"大赛中荣获金奖。

3. 优秀硕博研究生引聘计划

积极开展名校招聘行动，先后到北京航空航天大学、北京理工大学、大连理工大学、西北工业大学和西安电子科技大学开展线下招聘活动，近3年，共引进优秀硕博研究生88人。

（二）"柔性引聘"的多方协同计划

1. 携手打造兼职教师库

学校依托阎良航空产业区位优势，按照"不求所有、但求所用"的思路，与航空产业基地进行深度合作，形成了"同在航空城、都是航空人、都有航空梦"的同气连枝的紧密关系和融合共进的协同发展格局。通过组建"航空城职教联盟""企业家培训学院"，让大国工匠、企业总师、创业精英、首席技师等高技能人才来校兼职兼课，打造了包括"飞豹"总设计师陈一坚、试飞英雄黄炳新、全国劳动模范薛莹、蓝天工匠叶牛牛、首席专家张向锋等1 000余名专家学者及工程技术人员的兼职教师库。

2. 携手建立大师工作室

与西安飞机工业有限公司、5 702工厂等行业头部企业联合建立了"张向锋数控设备

维修""何志堂航测技术技能"等8个技能大师工作室。

三、"匠心"提升工程，把实培育关，打造一流教师团队

学校针对新进教师、"双师型"骨干教师、领军人才及教师团队，每年投入500万元，分层次实施"雏雁启航、鸿雁护航、头雁领航、雁阵远航"四个计划，助力教师成长。

（一）实施"雏雁启航"计划，加速青年教师成长

1. 抓牢青年教师培养

学校出台了《青年教师培养实施办法》，实施导师制培养，通过"结对子、搭台子、指路子、压担子"帮助青年教师快速成长。青年教师参加全国职业院校教学能力比赛获一、二、三等奖各2项。

2. 重视师资国际化水平

学校出台了《青年英才遴选及管理办法》，每学期遴选5~8名青年英才，对其进行重点培育。"双高计划"建设以来，已累计遴选38名青年英才，13人取得国家留学基金委公派访学资格。同时，大力选派优秀教师赴国（境）外研修访学，累计组织教师赴国（境）外研修访学275人次。

（二）实施"鸿雁护航"计划，提升教师教学能力

1. 通过大赛，实施教育教学提升工程

学校通过全国教学能力比赛、创新创业大赛、全国职业院校技能大赛（如图3所示）、"金牌教师"大赛等，形成"校赛选种子→省赛育苗子→国赛拔尖子"的成长模式，开展"课堂即项目""课堂即赛场"等活动，磨炼教师教学能力，形成了一批金牌教师，提升了教师教学能力。

图3 全国职业院校技能大赛一等奖

2. 通过建基地，实施双师素质提升工程

学校充分发挥校企合作的优势，建成了航空机电类和航空制造类2个国家级"双师型"教师培养培训基地和118家优质"教师企业实践基地"，实施校企人员双向流动、相互兼职的常态运行机制。出台《教师企业实践管理办法》和《"双师型"教师认定管理办法》，落实专业教师企业实践制度。通过校企深度融合，建立校企人员双向交流的协作共同体，打造出硬核"双师型"教师。目前，"双师型"教师占专业课教师比例为85.7%。

（三）实施"头雁领航"计划，培养名师名匠队伍

俗话说"火车跑得快，全靠车头带"，而名师和名匠就是职业学校的车头，欲加速学校的发展，必须最大限度地挖掘名师和名匠潜力，发挥名师和名匠在教师队伍中的带头作用和示范辐射作用。"双高计划"建设以来，学校始终坚持"名师""名匠"双轮驱动，形成了校级、省级和国家级的名师梯队、优秀教师梯队，打造出了李伟、李杰、白永平等多名"三秦工匠"，陕西省首席技师、技术能手、带徒名师，"西安工匠"等一批名匠人才。

（四）实施"雁阵远航"计划，打造高水平教师团队

学校立足高水平教师团队建设，重点建设"三支团队"：通过名师引领，打造名优团队，重点打造校级、省级、国家级教师教学创新团队和国家级黄大年式教师团队；立足专业，打造科研创新团队，重点打造校级、省级青年科技创新团队；以赛促教，打造锐意精技团队，重点打造学生技能大赛教师指导和教学能力大赛团队。通过"三支团队"建设，促进了教师共同进步和全面发展，为培养高素质技术技能人才铸就一支职业教育的"王者之师"。

四、"恒心"改革工程，把好创新关，激发学校内生动力

学校不断强化顶层设计、坚持创新驱动，不断深化人事制度改革，积极完善职称评审、岗位聘用、绩效工资和奖惩等制度体系，建立起科学有效的管理激励机制，协同推进学校教师队伍建设工作。

（一）职称制度改革

学校积极推进职称制度改革，按照重品德、重业绩、重能力、重社会服务的原则和要求，根据不同类型、不同层次教师岗位的特点，采用业绩水平与发展潜力、定性评价与定量评价相结合的方式，创新评价机制，科学、客观、公正评价，让教师更具有获得感和成就感，激励教师尽展其才。

（二）岗位聘用改革

按照"按需设岗、择优聘用、分类管理"的原则，先后出台了《岗位设置及聘用管理办法》《辅导员职级晋升暂行办法》，不断完善岗位聘用和管理制度；修订教学质量评价指标和方法，完善教师考核评价制度。

（三）绩效工资改革

学校建立"效益优先、兼顾公平、优绩优酬、多劳多得"的绩效工资分配动态管理机制，实行统一分配与部门二级分配相结合的绩效工资分配制度，通过实施目标管理与考核，科学评价各单位工作业绩和管理效能，并将考核结果作为部门奖励绩效分配依据，进行二次分配。

（四）奖励激励改革

学校建立和健全科研教研成果和比赛获奖奖励办法，通过揭榜挂帅、质量工程等形式，不断完善教师激励提升机制，营造尊重知识、尊重人才、尊重创新的良好制度环境，形成"比学赶帮超"的良好氛围，激发教师潜能，促进教师专业发展。

五、成果成效

"四心"工程的实施，使学校教师队伍结构和教师能力素质发生了显著的变化。

一是培育了多个优秀团队和个人：全国高校黄大年式教师团队1个，全国职业教育教师教学创新团队1个，陕西高校青年创新团队2个，省级师德建设示范团队1个，省级技能大师工作室1个；国家"万人计划"教学名师1人，黄炎培职业教育杰出校长、杰出教师各1人，省级优秀教师3人，省级教学名师12人，"航空职业教育教学名师"3人，省级师德标兵2人，省级教书育人楷模2人，陕西省首批"特支计划"领军人才1人，陕西省"青年杰出人才支持计划"5人，陕西省"首席技师"1人，"三秦工匠"1人，"西安工匠"1人，西安首席技师1人。

二是各类大赛成果辉煌：近3年，全国教学能力比赛获得一、二、三等奖各2项，成绩位居全国前列；全国职业院校技能大赛一等奖4项、二等奖5项、三等奖12项；"双创"竞赛获省级以上奖励131余项，其中"互联网+"大赛获国赛金奖1项、铜奖3项，"挑战杯"竞赛获得金奖1项、银奖1项。

案例 2

明确理念　协同创新　制度保障
打造航空特色国家级教师教学创新团队

摘要：飞机机电设备维修专业教学团队以习近平新时代中国特色社会主义思想和党的十九大精神为指导，以服务职业教育高质量发展为根本，通过明确教师教学理念、驱动团队协同创新、加强团队制度建设等方式，使团队成为引领飞机机电设备维修专业教学模式改革创新、全国同类专业教学团队发展的创新团队，为航空类高素质技术技能人才提供强有力的师资支撑。教学团队建设成效显著，获得首批国家级职业教育教师教学创新团队等荣誉称号。

关键词：师德师风；协同创新；航空维修；创新团队

一、实施背景

为了深入学习贯彻习近平新时代中国特色社会主义思想和党的十九大精神，全面贯彻落实全国教育大会精神，根据《国家职业教育改革实施方案》决策部署，打造一批高水平职业院校教师教学创新团队，示范引领高素质"双师型"教师队伍建设，深化职业院校教师、教材、教法改革，西安航空职业技术学院飞机机电设备维修专业群将团队建设作为教师队伍建设的重点工作，打造了一支国家级教师教学创新团队。

二、主要做法

（一）师德为先思政为要，明确教师教学理念

1. 师德为先，加强团队师德师风建设

专业群以坚持社会主义核心价值体系为指引，认识、理解和遵循教师职业道德规范，努力造就一支忠诚于党和人民教育事业的高素质教师队伍。学校组织灵活多样的学习形式，结合师德师风建设中的热点强化师德教育，如开展师德先进事迹报告、师德师风培训等，提高教师思想政治素养，不断增强教师与师德师风建设的自觉意识。同时开展师德师风先进典型评比和表彰，全方位多角度展现优秀教师精神风貌，发挥其示范引领和带动辐射的积极作用，发挥优秀师德师风的内在激励导向作用。

2. 思政为要，提升团队教师育人能力

围绕立德树人的根本任务，实施"三全育人"，践行"西航精神"，将思政教育与创新创业教育贯穿人才培养全过程，使专业课程与思想政治理论课同向同行，实现职业技能和职业精神培养高度融合、思想政治教育与技术技能培养融合统一。飞机机电设备维修专业课程全面实施课程思政，团队教师充分挖掘思政资源，将科学精神和辩证唯物思想，以爱国情怀、航空报国、责任担当、安全理念、职业道德、质量意识、底线思维等思政元素融入各类课堂教学中，通过组织课程思政教学能力培训、课程思政示范项目建设等方式提升团队教师的育人能力。

（二）五方联动筑共同体，驱动团队协同创新

按照航空维修专业领域，以学校飞机机电设备维修专业群为龙头，联合"双高计划"专业群长沙航空职业技术学院飞行器维修技术专业群、成都航空职业技术学院飞行器制造技术专业群，整合军航、民航领域优质企业5702工厂、东方航空技术有限公司，成立飞机机电设备维修专业协作共同体，通过共同体的协同运行机制，驱动飞机机电设备维修教师团队协同创新。

1. 名师工匠齐聚，引领团队成长

以"万人计划"教学名师和"蓝天工匠"为引领，发挥团队共同体及区域航空高端人才聚集的优势，按照校、省、国三级名师标准，对接军民两类维修技能等级资格要求，军民共育、军民联训、分层分类、互培共长，通过"名师工匠引领、校企专兼共组"，与5702工厂、东方航空技术有限公司等企业共建师资队伍，培养"骨干教师、教学名师、领军人才"，使团队拥有一批师德师风优良、学术水平高、业务能力强的高素质"双师型"教师（如图1所示）。

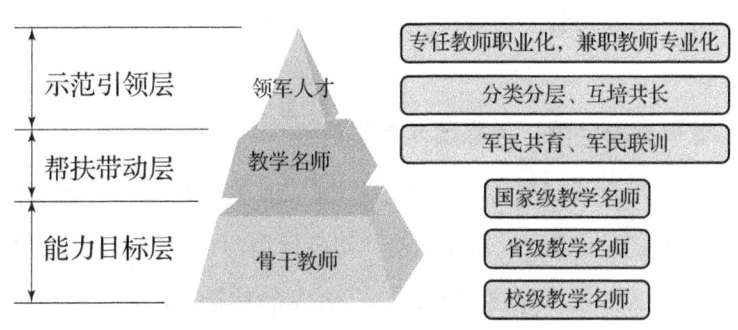

图1 "分类分层、互培共长"的教师团队成长路径

2. 协同五方资源，提升团队能力

组织教师开展课程开发、信息化教学培训，提升教师模块化课程教学设计、实施能力和信息技术应用能力。由企业专家、教学名师、"蓝天工匠"、骨干教师等组成技术服务、

资源开发团队，将航空维修行业新技术、新工艺和视情维修新知识、新标准转化为教学内容，利用共同体成员主持的"飞行器维修技术""飞行器制造技术"专业教学资源库、国家级精品资源共享课、国家级规划教材、产教融合实训基地等教科研成果所形成的教学资源共享平台开展线上线下教学。以全国职业院校教师教学能力比赛和全国职业院校技能大赛为引领，持续提升教师专业能力。同时实施精英人才培养计划，鼓励教师积极申请国家留学基金委访问学者项目，培养"双语"教师，为国际交流及双语教学提供人才储备。继续与德国、澳大利亚、新西兰、新加坡等职业教育或科技水平发达的国家深化合作，建设期内选派教师赴境外参加师资培训与交流。

3. 搭建技术平台，激发团队潜能

以科研之源，拓教学之流。教学团队始终坚持把科研作为提高教师师资水平的重要途径，教师通过科研把握本专业的发展方向与最新成果，不断更新教师的知识结构，不断完善教材、充实教学内容、优化教学方法，使教学与科研齐头并进、相得益彰。团队以专业群和共同体建设为支撑，勇担航空强国使命，聚焦国家重大战略和"中国航空城"发展，充分发挥"万人计划"教学名师工作室的作用，解决行业企业技术难题，支撑区域支柱产业发展。

团队与国家级航空产业基地、空军装备部及航空工业等单位密切合作，瞄准"航空装备深度修理""航空装备高端制造"两条主线，开展社会培训、技术攻关等服务，打造创新服务平台。团队以数字化驱动为手段，从粉末制备、激光熔覆工艺研究方面，申报了陕西省科技厅非晶合金激光3D打印制备技术课题，开展航空发动机静止部件、机匣类部件、转动部件的深度维修，联合科研攻关；依托航空维修工程技术中心，参与了航空工业第一飞机设计研究院军机客服部及飞豹科技仿真产业部牵头研制的飞机维修训练模拟器制造任务。团队逐步成为一支解决航空装备技术难题，引领中小微企业发展的"科研型"教学团队。

（三）动态管理激励保障，加强团队制度建设

以《国家职业教育改革实施方案》和《全国职业院校教师教学创新团队建设方案》为指导，按照学校师资队伍建设规划和学校"双高计划"建设方案总体部署，服务职业教育高质量发展和"1+X"证书制度需要，制定适应本专业团队的《飞机机电设备维修专业国家级职业教育教师教学创新团队管理办法》和《飞机机电设备维修专业国家级职业教育教学创新团队运行机制》，完善校企联合培养互聘互用、专业教师定期下企业实践、教师技术技能培训、校企共建实训实习基地、专业教师企业兼职等制度，形成动态管理和考核激励机制。

1. 动态管理，推动团队长效发展

一是组织机构保障。成立校级组织领导小组，协调各部门及团队成员明确责任分工，制定实施方案，细化分解任务。按照团队建设方案配套团队建设资金，专款专用，保证建立完善内部控制和通报制度，坚持审计工作制度，确保各项资金合法、合规、有效。建立监测与评估机制，加强跟踪与考核评价，为调整完善相关政策措施提供支撑。

二是团队建设保障。团队分为三个小组，负责人统一协调管理，各组长分配建设任务，组员之间相互交叉，相互协作，提高效率。全体成员全程参与人才培养模式和课程改革等重要建设项目。团队定期召开会议，协调处理各组之间项目进展中的问题，确保项目顺利进行。

2. 建立激励机制，激发团队发展潜能

学校层面重视教学团队建设，通过师资培训、讲座提高教师凝聚力，出台进一步加强师资队伍建设等系列文件，给予教学团队必要的政策和经费支持，保障团队课程建设、专业建设的开展。学校建立有效的激励机制，对团队成员在职称评聘、评优评先、进修培训、教学改革项目申报、各类人才培养计划选拔等方面在同等条件下给予倾斜，同时绩效实行个人奖励与团队项目奖励相结合的方式，使个人能力在团队中得到充分发挥，使个人成长与团队成长相辅相成，激发团队发展的潜能。

三、成果成效

经过3年建设发展，团队成功立项建设2个国家级职业教育教师教学创新团队、2个陕西省科技创新团队、2个校级科技创新团队（如表1所示），1个航空高端制造陕西省高校工程技术中心。

表1 科研团队一览表

序号	团队名称	级别
1	国家级职业教育教师教学创新团队——飞机机电设备维修专业团队	国家级
2	第二批全国高校黄大年式教师团队——飞机机电设备维修教师团队	国家级
3	陕西省科技创新团队——航空超精密零部件精整技术创新团队	省级
4	陕西省科技创新团队——航空用轻合金精密成形技术创新团队	省级
5	校级科技创新团队——航空产品智能制造技术创新团队	校级
6	校级科技创新团队——高端装备零部件再制造技术创新团队	校级

飞机机电设备维修专业教师教学创新团队培养了国家"万人计划"教学名师1人，省

级教学名师1人，省级教书育人楷模和师德标兵3人，校级师德先进个人4人；引进飞机维修领军人物1人；培养技能大师3人；建设技能大师工作室1个，"万人计划"教学名师工作室1个；培养"双语"教师8人，专任教师"双师型"比例为90.7%。团队成员在国家级教师教学能力比赛中获奖3项，编写国家级规划教材6本，指导学生在全国职业院校技能大赛中荣获一等奖1项，"互联网+"大赛中获得国家级金奖1项，"挑战杯"竞赛中获得国家级金奖1项。

团队成员荣获厅局级、省级以上科学技术奖2项，横向科研课题到款额280余万元，专利25项，发表核心期刊论文43篇，科技成果转化3项，成果推广6项。利用飞行器维修、飞行器制造教学资源库，团队成员先后为嘉兴职业技术学院等50余家兄弟院校开展师资培训达10 068人·日·年$^{-1}$，为5706工厂等企业员工开展航空维修类专业培训达3 452人·日·年$^{-1}$，各类培训到款额累计500余万元。以张超教授的"航空超精密零部件精整技术"团队、周鹏博士的"航空用轻铝合金精密成形技术"团队带头辐射，为航空工业天水飞机工业有限公司、西安国芯创新科技有限公司、西安电气有限公司、西安雷达厂、西安宝昱热工、西安嘉业航空有限公司等企业提供飞机舱门设计和材料成型等技术服务，产值累计2 000余万元。

四、经验总结

团队坚持走在职业教育改革的前列，勇担为航空维修行业培养大量优秀的高素质技能型人才的重任，秉承"尚德躬行、笃学擅用"的校训，变压力为动力。通过师德引领、课程思政，明确教师教学理念，以"政军行企校"五方联动共筑协作共同体，从教师队伍建设、教学能力培养、技术服务支持等方面协同创新，加强团队制度建设等方式，团队成为一支引领飞机机电设备维修专业教学模式改革和全国同类专业教学团队发展的创新团队，为高素质航空类技术技能人才培养提供了强有力的师资支撑，获得立项建设国家级职业教育教师教学创新团队2个、陕西省科技创新团队2个、校级科技创新团队2个等多项荣誉。

五、推广应用

本案例适用于高水平专业群建设、职业教育改革领域，对于教师教学创新团队建设具有可复制、可借鉴的价值。案例相关成果被CCTV–1新闻联播、新华社等国家主流媒体专题报道，推广应用到金华职业技术学院、陕西职业技术学院等多所院校，与加蓬共和国、加拿大卡纳多学院等进行了国际交流。

案例 3

三层并进 五维协同 锻造高职教师卓越教学能力
——以国家课程思政示范团队教学能力提升为例

摘要：西安航空职业技术学院以国家级课程思政示范团队教师教学能力提升为对象，通过完善教师培养机制、提高教师教学能力、教学能力评价改革三大举措，锻造高职专业教师卓越的教学能力，形成"三层并进、五维协同"的高职专业教师教学能力培养模式。实施后团队教师取得教育部首批课程思政示范课、专业教学资源库、教学能力比赛等 4 项国家级奖项为代表的系列建设成效，促进了教学育人水平的显著提升。

关键词：三层并进；五维协同；高职教师；教学能力

一、实施背景

职业教育改革的深入、教育信息化技术的飞速发展、产业的升级和技术迭代，对高职专业教师教学能力提出了更高的标准和更严的要求。而高职专业教师的培养机制还不够完善，有待进一步优化；对接产业升级和技术迭代，高职专业教师教育教学综合能力发展路径不明晰、不精准；对接先进职教理念，高职专业教师缺失有效、系统、全面的教学能力评价标准。

二、主要做法

（一）模式提炼

聚焦教师能力的培养机制、提升与发展路径、教师教学评价体系，以首批国家课程思政示范团队获得者为例，实践形成了"三层并进、五维协同"的高职专业教师教学能力培养模式（如图 1 所示）。

1. "一基五阶三层"教师培养机制

以师德为根基，按照"新任教师、合格教师、骨干教师、专业带头人、领军人物"五阶段，以"强基固本、注重实效"为出发点，设计了"团队建设强实力、资源开发重实效、教法改革促发展"三层并进的培养模式，从而构建了全程化、进阶式教师职业发展培养机制，实现了培养目标由单一模糊向定位准确、阶段明晰转变，培养模式由简单统一向综合全面、精准指导转变。

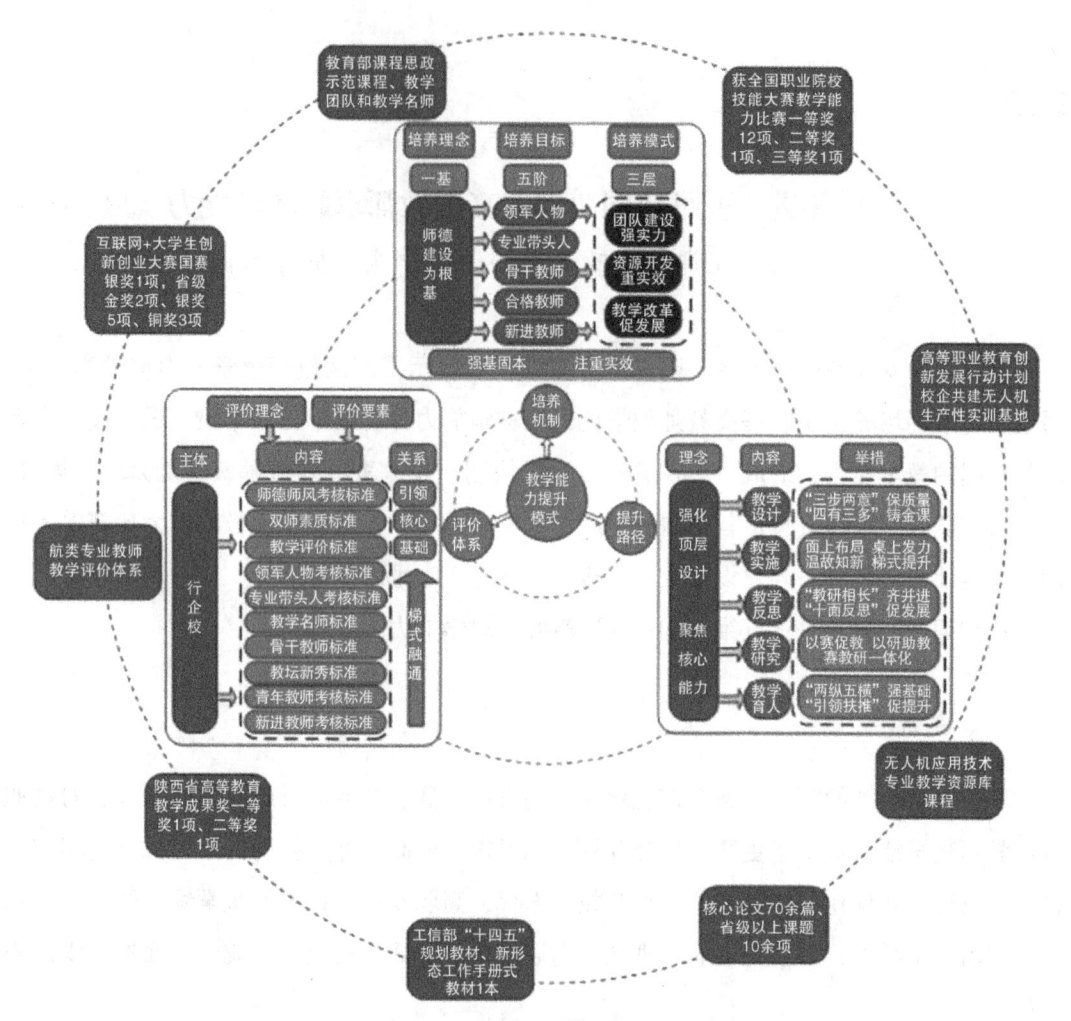

图1 "三层并进、五维协同"教师教学能力培养模式示意图

2. "五维协同"教学能力提升与发展路径

依据教师的教育教学成长和发展的实际需求，强化教学顶层设计，聚焦教学核心能力，形成了涵盖"设计、实施、反思、研究、育人"五个维度全面提升教学能力的路径。教学设计方面探索形成了"三步两意"保质量、"四有三多"铸金课的教学设计模式；教学育人方面形成了"两纵五横"强基础、"引领扶推"促提升的课程思政育人模式。实现了提升过程由零散无序向系统整合、明晰精准转变，提升内容由教学技能向强化育人、能力提升转变。

3. "精准对接、梯式融通"教师教学评价体系

以专业教学和专业实践为着眼点，精准对接教育理念、职业道德、专业知识、专业能力、专业发展等关键要素，针对教师发展的五个阶段，行企校合作开发梯式融通的专业教师教学评价体系（如图2所示）。该体系以《师德师风考核标准》为引领，以《双师素质

考核标准》为核心，以《教学评价标准》为基础，与教师的发展阶段相对应，依次包含《新进教师考核标准》《骨干教师考核标准》等6个梯式进阶评价标准。

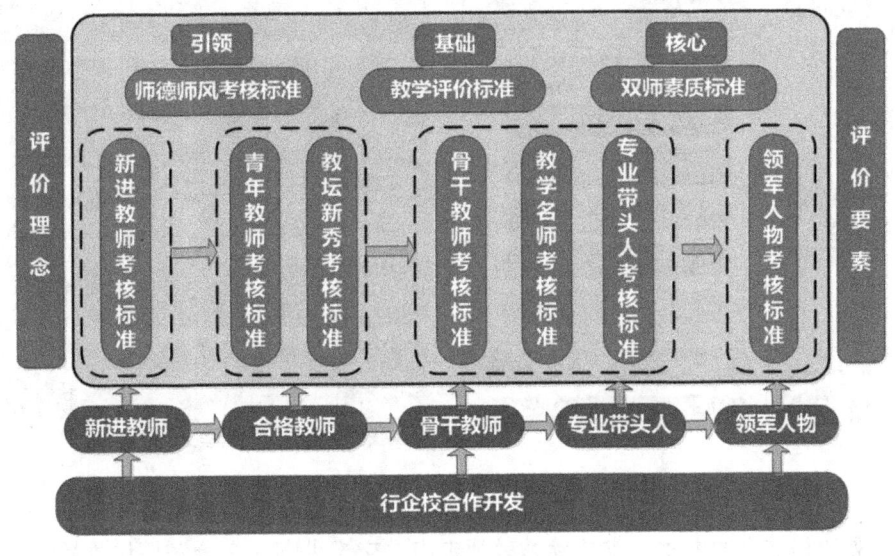

图2　教学评价体系

（二）具体举措

1. 遵循"师德为先、需求导向、三层联动、精准施策"的理念，完善高职专业教师培养机制

坚持师德师风为第一标准，以学生需求为导向开展一体化设计。一是团队建设强实力。与企业共建"国家级校企共建无人机生产性实训基地"等8个产教融合平台，并采用校企人员双向流动方式，构建教学共同体，打造教学创新团队和科技创新团队，团队"双师型"比例达97.6%。二是资源开发重实效。基于工作过程系统化，以企业的典型任务为载体设计开发"无人机装调"等课程。同时，按照"德育为魂、技能为重"的理念，制定"1+X"证书标准，开发课程思政资源包，并将技能等级标准和课程思政融入资源建设中，完成9门在线课程及配套的3本工作手册式教材。三是教法改革促发展。对接"1+X"职业技能等级标准，将多门专业课程教学内容重构为初级学、进阶练、高阶通3个模块，大力推进"教、学、练、做、创"一体化，开展项目化教学（如图3所示）。

2. 利用"比赛推动、教研并进、示范引领、诊断提升"的方式，逐步提高教师教学能力

以课堂教学创新大赛、全国职业院校技能大赛等多级比赛促进教学资源开发、教学方法改革，教师参加各类比赛的覆盖率达88.7%。同时，按照教学科研并进思路，推动教师研技术、提技能、育匠人，团队成功申报省级及以上教改项目10余项。通过"走出去"

[图 3 西航职院专业教师培养机制结构]

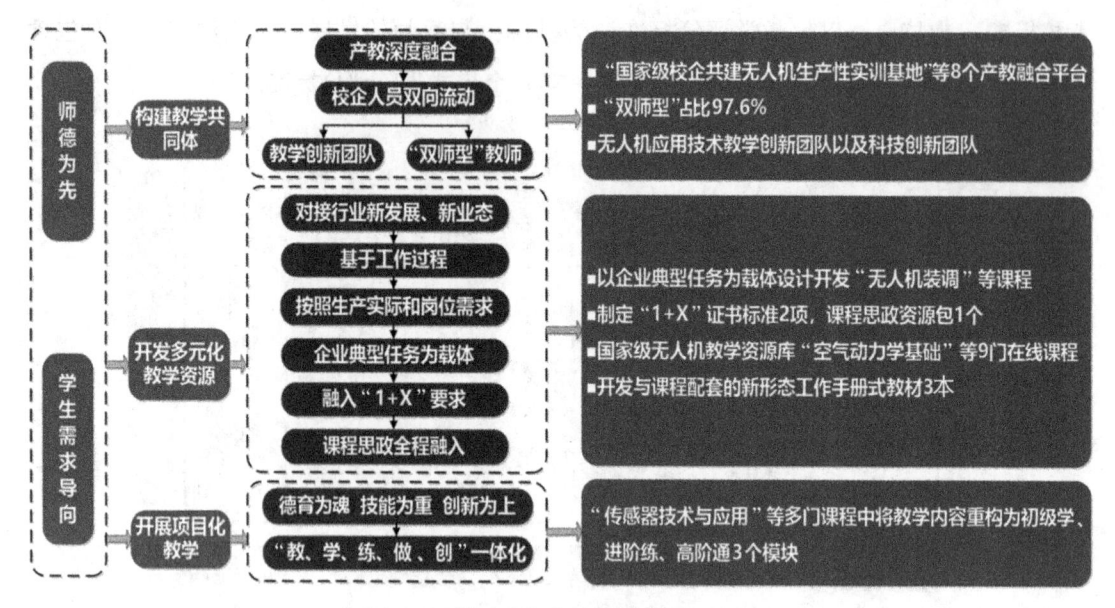

图 3　西航职院专业教师培养机制结构

和"请进来"相结合的方式，支持优秀教师走出去交流讲座，充分发挥优秀教师的教学引领作用，近年来面向全国对外培训交流40余场。定期开展名师和大国工匠进校园活动，推进教学经验分享和教学改革创新。通过开展专业评估、课程评估、教学评估，加强对教师的师德修养、教学能力等考核检查。同时，推进社会第三方以及校企合作企业评估，建立了教师教学质量考核与评价数据库（如图4所示）。

[图 4 提高教学能力水平方式结构]

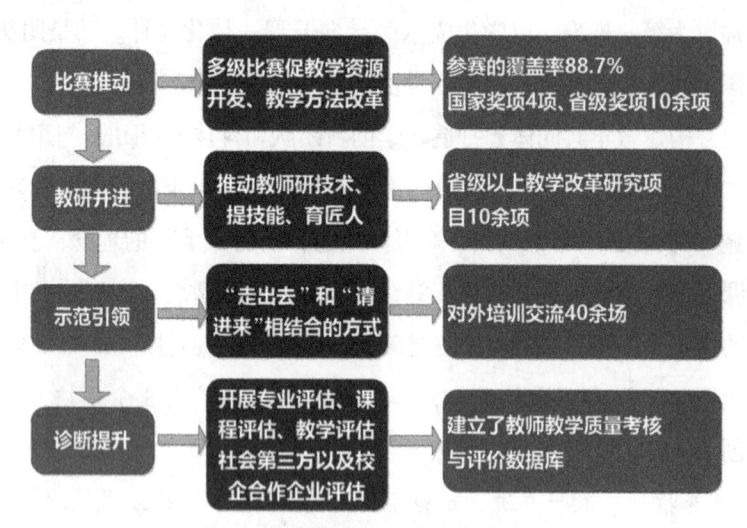

图 4　提高教学能力水平方式结构

3. 按照"对接标准、主体多元、内容全面、层次分明"的原则，推动教学能力评价改革

采用问卷调查、实地考察等方式对教师的教学现状进行调研，形成调研报告，依据

高职高专评估指标中师资队伍建设的内涵说明,对接企业职业标准,行企校合作明确团队教师培养标准内涵"航空精神铸魂、高新技术培根、传道授业修身",在此基础上,将评价内容兼顾教学、教研和社会服务,评价指标包含基础指标、核心指标和发展指标,对接教师发展的五个不同阶段,最终形成不同发展层次的专业教师教学能力考核与评价体系(如图 5 所示)。

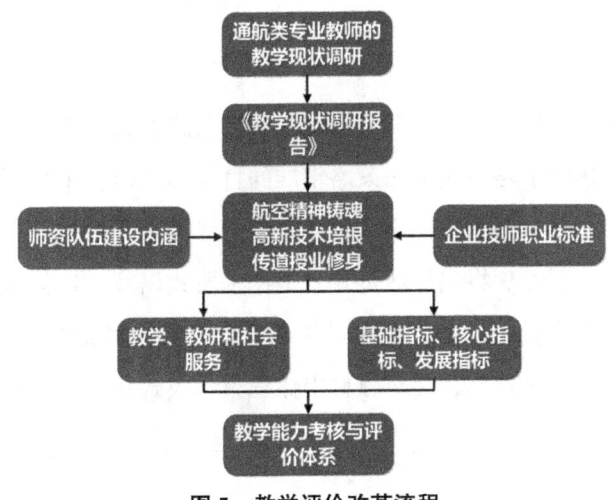

图 5 教学评价改革流程

三、成果成效

(一)教学效果显著提升

学生知识达成度、专业核心能力以及职业素养得到有效提升。在技能大赛中获得国家级一等奖 1 项、二等奖 1 项、三等奖 3 项,省级奖项 15 项。获创新创业大赛国家级银奖 1 项、省级奖 8 项。师生共同研发新型功放系统,在行业内技术成果已达到国内领先水平。

(二)教学水平大幅提高

教师教学能力水平大幅提升,获全国首批课程思政示范课;获全国职业院校技能大赛教学能力比赛国家级一等奖 2 项、二等奖 1 项、三等奖 1 项,省级奖 7 项;获国家级优秀教学案例 2 项;成功申报省级教研项目 10 余项,发表核心论文 70 余篇,授权发明专利 3 项、实用新型专利 5 项。

(三)大赛引领交流互鉴

教学团队为省内外职业院校进行 40 余场教学能力提升培训,为全国骨干教师进行线上线下培训达 10 000 余人次。充分利用教学资源,积极开展社会服务,完成中高职师资培训、企业员工培训 300 余人次,为百余家企业提供人力资源与智力支持。

（四）教学改革成果共享

组织深圳职院等 20 多所中高职院校到学校参观学习，指导 10 多所院校开设无人机专业。在 2017 年、2019 年无人机专指委工作会上向 70 多所院校和 10 余家企业分享无人机专业教学标准、人才培养和校企合作经验。在中国知网、广西机电职院等单位以《无人机应用技术专业群建设》为题进行授课，累计学习 1.5 万余人。

四、经验总结

本案例从教师视角出发，以教学能力提升的策略与路径为落脚点，在拓展研究内容的广度与深度的同时，达到了路径明晰、策略精准的目标。同时，采用理论研究与实证研究相结合的方法，提升研究结果的普适性，具有较强的参考推广价值。但在教师新形态教材开发能力方面需深化，下一步将聚焦活页式、工作手册式以及融媒体式三种形式教材，并从教材开发最关注的五个方面，基于工作过程系统化开展内容重构，落实岗课赛证融通，融入课程思政，开发数字化资源，并对教材中体现教学模式和教法改革等提出落实路径。

五、推广应用

本案例教师教学能力水平提升路径和策略可以进行推广应用，为其他高职院校教师培养提供参考与借鉴；为全国高职院校教师的课程思政建设、课程资源开发、教学能力提升等方面提供参考和指导，从而推动教学水平和教育质量的提升。

案例 4

一目标 两保障 "三三"建设求实效
——无人机应用技术专业群教师教学创新团队建设典型案例

摘要：无人机应用技术专业群围绕建设全国无人机职业教育"标杆团队"的目标，聚焦无人机发展方向，积极与国内无人机高端企业合作，推动教育教学模式改革创新、人才培养质量与技术创新服务能力持续提升，构建了团队任务管理体系和质量保障体系，通过全力开展"三全育人"、"三教"改革和"三大平台"建设，打造无人机技术专业群教学创新团队。

关键词：标杆团队；两保障；三全育人；三教改革；三大平台

西安航空职业技术学院于 2010 年在全国率先开设"无人机应用技术专业"，并为中国人民解放军空军及陆军开展定向军士人才培养，2019 年作为核心专业入选"双高计划"专业群建设项目，成为全国无人机专业的引领者（如图 1 所示）。按照打造全国同类专业"头雁"的总体目标，专业群努力建设高水平教师团队，经过 3 年的发展与建设，人才培养质量持续提升，技术创新服务能力卓越。

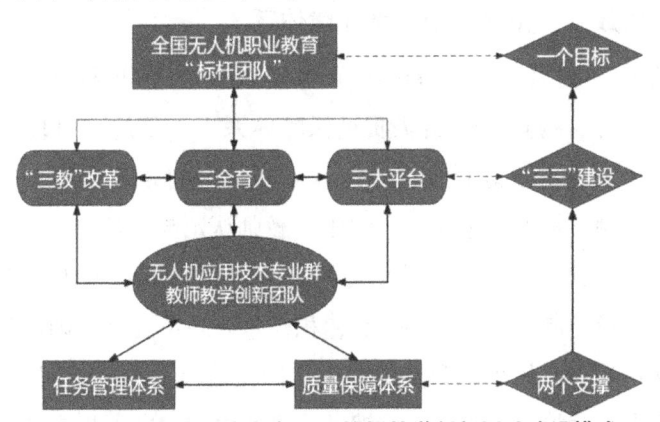

图 1 无人机应用技术专业群教师教学创新团队建设模式

一、瞄准"一个目标"

按照"师德高尚、教技双馨、创新卓越、国际一流"的人才队伍建设标准，依托"中国航空城"从业人员集聚的人力资源优势，以总师、大师、名匠为引领，打造一支师德师风高尚、教育理念领先、教学能力卓越、科研能力突出的高素质、高水平、结构优良的全国无人机职业教育"标杆团队"，全面实现人才培养质量、科研技术水平、社会服务能力和国际影响力的质的跃升，为无人机产业和区域经济发展提供强有力的人力保障与智力支持。

二、做好"两个保障"

(一)注重分工协作,建好团队任务管理体系

团队由公共基础课、思政教师,专业基础课、专业核心课教师,实习实训教师、企业教师、创新创业导师等61人组成,结构合理,教师经验丰富,高级职称教师比例为50.1%。

1. 明确团队成员职责分工

将团队成员分为三个主攻方向:一部分成员重点开展新形态专业教材编写,开发活页式和手册式教材,建设教学资源等有效载体促进教学改革;一部分成员重点开展模块化教学,重构人才培养方案,在所有课程中融入思政元素,积极进行"任务驱动""情景教学"等教法改革;一部分成员重点开展技术技能服务,加强校企合作研发,资源互补,共同培养技能人才,发挥团队师资优势,帮助中小型企业解决技术难题。

2. 明确团队协作机制

团队实行项目负责制,主持人负责统筹指导、规划目标、推进建设和全局管理。依据专业背景及职业发展规划,将建设任务分解,团队成员分工交叉协作完成,全程参与人才培养模式和课程改革,推进产教融合,开展技术研修、攻关、技术技能创新,引领专业建设与发展。团队建立定期沟通交流机制,推进项目建设进度,协调解决问题。

(二)做到有的放矢,完善团队质量保障体系

团队按照可测量、可预警、可控制的原则对规划目标、制度标准、规划实施、保障措施进行质量控制点设计,构建教学团队质量保障体系。一是规划目标质量控制。制定专业、团队、个人三个层面的规划目标,三个规划目标之间相互衔接、相互支撑,各有侧重,匹配性强。二是制度标准质量控制。细化《教师认定与考核办法》《兼职教师聘用管理办法》等,修订《教师绩效考核与分配办法》等,形成能进能出、优绩优酬的管理机制。三是保障措施质量控制。加强对外交流,积极争取政策资源,确保教师培训培养专项经费能满足教师队伍培养、培训、激励的要求。四是建立诊改长效机制。在专业、团队、教师层面常态化开展自我检查—诊断—反馈—改进,内部定期汇报交流、研讨改进。五是建立多元评价制度。关注学生和社会满意度,引入第三方进行人才培养质量和社会服务质量评价,形成整改方案,持续整改提升。

三、聚力"三三"建设

(一)聚力"三全育人",强化师德师风建设

1. 名师引领,打造"四有"好老师队伍

团队全面贯彻党的教育方针,加强师德师风建设,以德治教、以德育人、以高尚的情

操引导团队成员和学生全面发展。实施"名师引领"计划,开展"名师示范课堂"等系列活动,通过教学能力比赛等赛项和产学研实践平台,培养"教练型"和"双师型"教师(如图2所示)。

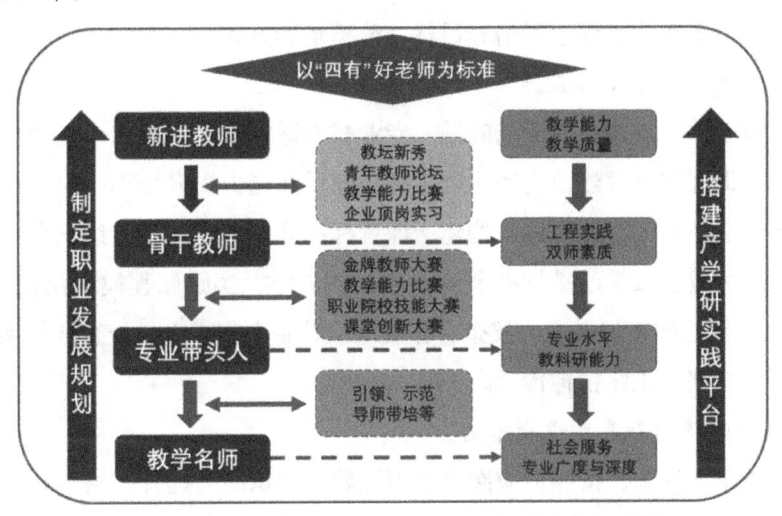

图 2　团队教师教学能力与实践水平提升路径示意图

2. 德技并修,践行"四个相统一"要求

不断健全德技并修、工学结合的育人模式。选聘企业德高业精的高级技术人员担任产业导师,组建校企合作、专兼结合的"双师型"团队。实施"英才计划",推行骨干教师"导师制"培养模式。

3. 德育为先,构建课程思政大格局

组织团队教师全员开展课程思政、专业教法等各类专项培训,提升教师教学设计实施、课程标准开发、教学评价等能力,构建以培养学生为初心、以课程建设为中心、以思政育人为核心的课程思政建设模式。团队先后涌现出全国航空职业教育教学名师2人、全国职业院校技能大赛优秀指导教师2人等一批优秀典型和先进事迹(如表1所示),2020年获批"陕西省高等教育教学管理先进集体"。

表 1　专业群教学创新团队基本情况表

项目	数量	项目	数量
全国航空职业教育教学名师	2人	全国技能大赛优秀指导教师	2人
陕西省教学名师	3人	陕西省优秀共产党员	1人
陕西省优秀教学团队	1个	全国职业院校教学能力大赛获奖	2项
陕西省教学能力比赛获奖	6项	教授	9人
客座教授	10人	副教授/高级工程师	29人
"双师型"教师	51人	海外访学/培训教师	27人

（二）聚力"三教"改革，确保教育教学成效

团队紧跟军用、民用无人机产业发展趋势，按照国家专业教学标准、职业能力标准，进一步明确无人机应用技术专业群培养目标，改革培养方式。

1. 分层分类推进教育教学改革

团队成员按公共基础课、专业基础课、专业核心课、实践课程四个教学领域分类推进教育教学改革。即课程思政建设、团队师德师风建设和能力提升培训、应用成果交流，专业人才培养方案总体设计、课程体系构建、课程标准开发，专业教学组织管理、教学创新设计和教学能力大赛、教学改革课题研究、项目式教学、实践课程模块化设计组织实施，专业课程与"双创"教育相融通、校企合作规划、校企合作育人、校企合作项目实施、技术技能服务平台搭建、工匠精神传承。

2. 持续探索"课证融合，课岗融通"

将岗位技能融入课程，按照适应岗位能力迁移、知识能力提升，构建教学模块匹配生产任务的课岗对接的课程；推进"1"和"X"的有效衔接，参与制定无人机操作应用、无人机组装与调试等"X"证书标准，制定无人机实训教学条件和教学标准。联合行业龙头企业，校企共同开发系列微课、微视频及虚拟仿真实践项目等信息化教学资源、企业工程案例式教学资源和职业技能认证教学资源库，实现教学内容的立体化和及时更新，实质推进育训结合。

截至目前，取得了国家教学成果奖 1 项、全国行指委和省级教学成果奖 8 项，全国教学能力大赛一等奖 2 项等一批成果（如表 2 所示）。

表 2　无人机应用技术专业群标志性成果一览表

名称	专业名称	专业基本情况
无人机应用技术专业群	无人机应用技术	中国特色高水平专业群建设项目核心专业、定向培养军士专业、全国首家开设专业
		1. 全国课程思政示范课程及教学名师团队 1 项，省级课程思政示范项目 1 项；
		2. 全国职业院校教学能力比赛全国一等奖 1 项、三等奖 1 项，省级一等奖 2 项、二等奖 2 项；
		3. 全国职业院校技能竞赛国家级奖 2 项，省级一等奖 3 项、二等奖 6 项；
		4. 入选工信部"十四五"规划教材 1 本；
		5. "互联网+"大赛全国银奖 1 项，省级金奖 2 项、银奖 2 项、铜奖 5 项；
		6. 全国高职院校"发明杯"大学生创新创业大赛全国一等奖 1 项；
		7. 牵头制定全国高职无人机专业教学标准，参与制定职业本科及中职专业教学标准；
		8. 全国航空职业教育教学成果三等奖 1 项；
		9. 陕西省课堂创新大赛一等奖 1 项；
		10. "挑战杯"竞赛和大学生创业计划竞赛省级二等奖 2 项

续表

名称	专业名称	专业基本情况
无人机应用技术专业群	机电一体化技术	国家示范建设重点专业、国家骨干专业、陕西省一流专业、陕西省重点专业
		1. 全国职业院校技能大赛全国一等奖1项、二等奖7项、三等奖2项，省一等奖10项； 2. 入选工信部"十四五"规划教材1本； 3. 全国航空职业教育教学成果三等奖1项； 4. 陕西省高等教育教育成果一等奖1项； 5. 陕西省精品在线开放课程1门； 6. 陕西省优秀教材1本
	摄影测量与遥感技术	国家骨干专业、国家现代学徒制试点专业、陕西省一流专业（培育）、全国首家开设专业
		1. 全国航空职业教育教学成果一等奖1项； 2. 陕西省职业院校技能大赛一等奖1项、二等奖2项； 3. 陕西省"互联网+"大赛金奖1项、银奖2项、铜奖3项
	通用航空器维修	国家骨干专业、陕西省一流专业（培育）
		1. 全国职业院校技能大赛全国三等奖1项； 2. 全国虚拟仿真实训资源建设项目1项； 3. 陕西省课程思政示范课程及教学名师团队1项； 4. 陕西省"互联网+"大赛金奖1项、银奖2项、铜奖3项

（三）聚力"三大平台"，提升团队服务水平

团队结合区域、行业优势，打造"三大平台"，全力提升服务能力和技术水平。

1. 打造校企合作平台

团队按照"物权自有、使用权共有、收益权共享"的原则，打造一体化校企创新平台，实现党团共建、专业共建、课程共建、人员共用、人才共育、技术共研"六共同"。团队教师定期到企业开展企业实践，参与企业技术革新和技术服务，促进关键技能改进与创新，提升教师实习实训指导能力和技术技能积累创新能力。截至目前，建设行业特色"校中厂"2个，共建无人机操控、测绘等实训室30个，获批央财支开放性公共技能实训和产教融合实训基地建设项目。与京东无人机研发中心、中航通飞、中煤航测遥感局等50余家知名企业建立了长期稳定的合作关系。成立2个产业学院，开展订单班、现代学徒制等培养模式，有效解决了企业人力资源短缺、高端技术技能人才培养难的问题。

2. 打造实践科研平台

团队紧跟无人机产业技术发展，围绕无人机装调、操控、作业、保障等岗位群，按照

"产教融合、技术领先、智能管理"的原则，开展实验实训室建设。校企联合承担地方重大专项，联合开展重大科技攻关和无人机领域课题研究，依托企业产品生产，校企联合开展集团化办学、现代学徒制、订单培养等人才培养模式改革。截至目前，建立四川纵横无人机飞行基地、极飞科技无人机维修基地等10余个校外实训基地，共建无人机操控、测绘、保障等实训室30个，近5年完成企业横向课题17项，总金额150余万元，进行技术改革20余项。

3. 打造社会服务平台

团队积极建立省内外同类高职院校、校企协作共同体，在人员互聘、教师培训、科技创新、教学项目资源开发等方面开展深度合作，构建"技术技能服务与人才培养"社会服务一体化平台。结合自身优势和行业企业需求，开展巡查巡检、应急救援、遥感测绘等拓展师资、专业岗位、技术技能和企业定向培训。先后指导10余所中高职学校开设无人机专业，培训全国80余名无人机专业教师；参与国家无人机实训教学条件和教学标准制定，参与无人机操作应用等6项"X"证书标准制定。承担国培计划，开展"1+X"证书培训，开展脱贫攻坚技能培训，累计社会服务与培训量达到20 000人·日。

无人机应用技术专业群教师教学创新团队按照"一目标、两保障、三三聚力"建设的思路，以团队促事业、以事业带团队，坚持校企合作、坚持对接产业、坚持名师引领，全力将团队打造成为高水平与好结构一体化、职业教育与培训一体化、教学与技术服务一体化的全国无人机职业教育"标杆团队"。

案例 5

锚定目标　分类培养　机制保障　打造高水平结构化教师团队

摘要：西安航空职业技术学院坚持以人才培养需求为导向，明确"123"教师团队建设目标（1个根基、2个强化、3支团队），通过创新机制体制，对教师团队实施分类培养，打造高水平结构化教师教学团队，全面推进教师团队提质培优。"双高计划"建设以来，学校新增1个全国高校黄大年式教师团队，1个全国职业教育教师教学创新团队，1个全国课程思政教学团队，4个国家教学能力大赛团队，为推动专业、课程建设，推进"双高计划"任务实施提供有力的人才队伍支撑。

关键词：高水平；结构化；教师团队；分类培养

《国家职业教育改革实施方案》指出，要多措并举打造"双师型"教师队伍，探索组建高水平、结构化教师教学创新团队。西安航空职业技术学院深入贯彻落实《国家职业教育改革实施方案》《关于推动现代职业教育高质量发展的意见》《关于深化职业教育改革创新的实施意见》及全国职业教育大会精神，以"双高计划"建设为契机，对标"打造高水平双师队伍"的"双高计划"建设任务，立足学校师资队伍建设规划，确定"123"教师团队建设目标，构建"名师引领""跨专业协同""校企联合""多部门协作"团队创建运行机制，打造了教师教学创新团队、科技创新团队和大赛精技团队3支结构化教师团队，形成了西航职院教师团队建设的范式。

一、主要做法

（一）强化顶层设计，确定"123"建设目标

学校以立德树人为根本任务，主动适应区域经济和陕西航空航天产业发展对技术技能人才培养的需求，确定教师团队"1个根基、2个强化、3支团队"的建设目标（如图1所示）。其中，"1个根基"即把牢师德关，筑牢立德树人之基，全面落实新时代教师职业行为十项准则；"2个强化"即着力强化个人的培养和团队成员分工协作能力，形成教师团队建设合力；"3支团队"即倾力打造教师教学创新团队、科技创新团队和大赛精技团队。

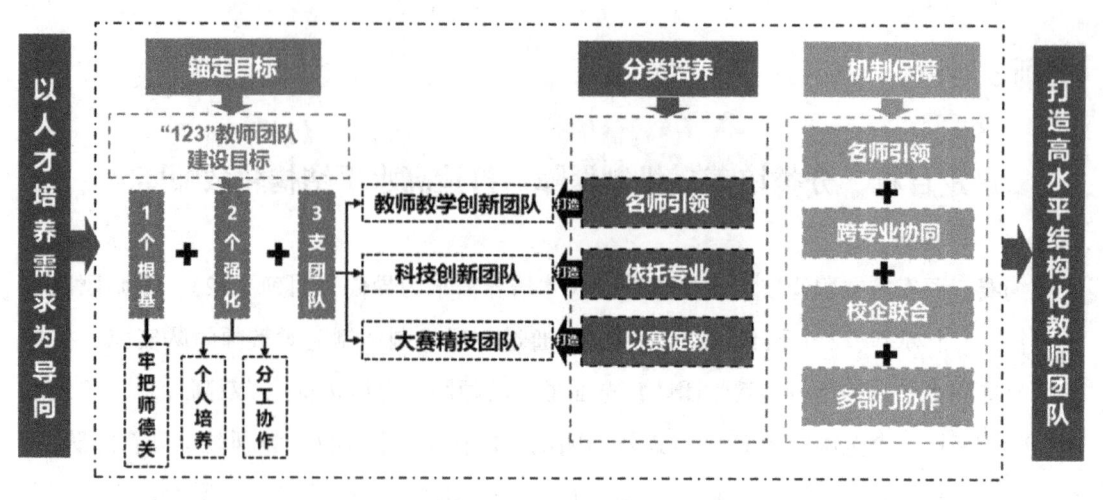

图1 高水平结构化教师团队建设模式

（二）树立示范标杆，打造3支教师团队

1. 国家名师引领，打造教师创新团队

一是创建典型，全力打造全国教师团队。为了充分发挥名师示范引领作用，学校以国家"万人计划"教学名师张超教授领衔的"飞机电设备维修教师团队"为建设目标，打造教师团队样板典型。该团队由29名专业教师组成，其中二级教授2人、教授6人、副教授11人、高级工程师2人，"双师"素质教师的比例达到100%。该团队紧跟航修产业升级，创新构建了"军民标准贯通，校企证书互融"的航空维修类专业人才培养体系，辐射带动了同类专业的发展，为创建其他教师团队提供了范式。

二是辐射引领，强化教师队伍梯队建设。充分发挥专业（群）引领作用，以创建全国教师团队为示范，围绕师德师风、教育教学、科研创新等方面多点发力，切实打造了一批师德高尚、专兼结合的教师团队。"双高计划"建设以来，深入分析各二级学院专业群的特点，先后创建了"无人机应用技术"等10个有潜力的校级教师团队，为进一步推进省级和国家级团队创建工作奠定了坚实的基础。

2. 依托专业集群，打造科技创新团队

"双高计划"建设以来，提出了"以群建院"的思想，打破现有二级学院概念，通过重构教学组织、优化资源配置，共打造了8个专业群。各个专业群结合各自专业特点，可以采取跨学院和跨专业的方式，积极组建科技创新团队。目前，学校已经建立航空用轻合金精密成形技术等2个陕西高校青年创新团队和5个校级青年创新团队（如图2所示）。在团队建设过程中，本着规模适中、结构合理的原则，统筹兼顾团队成员在知识结构、年龄结构、能力水平等方面的合理性。如航空用轻合金精密成形技术创新团队入选2019年首届陕西高校青年创新团队，该团队由正高工周鹏博士领衔，高级职称比例占40%，平均年龄38岁，团队成员主要来自西航职院和阎良高技术产业基地的西安嘉业航空科技有限公司等3家高科技骨干企业。团队主要以航空制造业市场需求为导向，从事新材料研发、铸造技术及凝固过程仿真和无损检测技术等方面的研究工作。

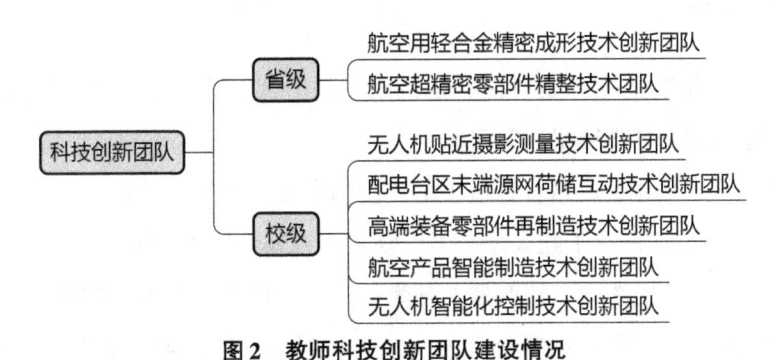

科技创新团队
- 省级
  - 航空用轻合金精密成形技术创新团队
  - 航空超精密零部件精整技术团队
- 校级
  - 无人机贴近摄影测量技术创新团队
  - 配电台区末端源网荷储互动技术创新团队
  - 高端装备零部件再制造技术创新团队
  - 航空产品智能制造技术创新团队
  - 无人机智能化控制技术创新团队

图2　教师科技创新团队建设情况

3. 以赛促教，打造大赛精技团队

为落实全国职业教育大会精神，全力推进"双高计划"建设，高质量打造大赛教师团队，各二级学院成立竞赛工作领导小组，及时了解比赛新动向，收集大赛相关信息，对比赛进行周密策划和精心部署，在团队选拔、服务保障、技术攻关、训练打磨等方面重点发力，组织筹备各类学生技能大赛和教师教学能力大赛。在组织筹备过程中，不断完善竞赛实施体系，搭建师生成长阶梯，实现人才储备，强化大赛梯队建设，实现以赛事为抓手，推动教师专业素养和教学质量的整体提升。

（三）健全体制机制，提升教师队伍综合素质

1. 统筹推进，组织保障

学校先后出台了《西安航空职业技术学院教师教学创新团队建设管理办法》《西安航空职业技术学院科技创新团队管理办法》等教师团队管理制度，成立了教师教学创新团队和科技创新团队工作领导小组，工作领导小组按照国家和学校关于各类教师团队的基本条件和具体指标，统筹协调创建工作。

2. 强化激励，激发活力

建立健全奖励办法，不断完善教师激励提升机制，先后出台《质量工程奖励办法》《"双高"建设"揭榜挂帅"工作方案》等文件，切实发挥了学校指挥棒的导向作用，推动专业发展建设，大大激发了教师团队的潜能。该举措已成为学校培养高素质领军人才、高水平创新团队的加速器，营造了"比学赶帮超"的良好氛围。

3. 以人为本，科学发展

针对团队特点和岗位职责，积极开展校级教师团队创建活动，统筹工作业绩和同行评

价，构建团队评价机制；兼顾团队和个人、物质和精神、外部与内部等多维度构建团队激励机制；兼顾整体绩效和团队协作、短期产出和未来潜力构建团队约束机制。体制机制的建立，进一步实现了评价机制科学化、激励机制有效化、约束机制规范化。

二、成果成效

2022年，学校始终坚持"定目标、建机制、搭平台、重培养"的工作思路，扎实推进教师团队创建工作，各类成果成效显著。

一是团队建设成绩显著。培育打造了1支全国高校黄大年式教师团队，团队成员获评"三秦工匠"1人，陕西产业工匠人才2人。获陕西省教育教学成果奖5项，其中特等奖1项、一等奖1项、二等奖3项，陕西省并列第一。二是科研能力不断攀升。航空用轻合金精密成形技术创新团队等科技创新团队在2022年立项纵向科研项目2项、横向科研项目5项；发表高水平论文10篇，其中包括4篇SCI论文；授权专利2项，其中发明专利1项。三是各类大赛捷报频传。荣获全国职业院校技能大赛教学能力比赛国赛一等奖1项，全国职校技能大赛一等奖2项、二等奖2项、三等奖5项，首届世界职业院校技能大赛优胜奖1项；荣获"互联网+"大赛国赛铜奖2项，陕西省"挑战杯"竞赛金奖2项、银奖1项、铜奖3项。

三、经验总结

2022年，学校紧跟职业教育发展步伐，充分发挥区域航空高端人才聚集的优势，紧密围绕"三个聚焦"，即聚焦人才培养需求、聚焦教师核心竞争力、聚焦专业群发展建设，倾力打造教师教学创新团队、科技创新团队和大赛精技团队，构建校、省、国家三级教师团队培育梯队，在坚实团队建设过程中，始终坚持以名师为引领、专业为依托、大赛为手段、创新为目标、制度为保障，教师团队建设各项成果取得显著成效。但是教师团队成效评定机制还有待进一步健全，教师全过程分类分层培训体系还需完善，教师团队动态管理还需加强。针对短板问题，下一步将探索优化教师发展的过程性评价，持续完善教师团队考核评价指标，构建不同教师梯队、不同教师类别的分层分类培训体系，建立教师团队共享机制，激发群体智慧，全面提升教师的综合能力素质。

第四部分

拓宽交流渠道
助力多元发展

案例 1

以科技创新赋能　推进"双高校"高质量建设

摘要：西安航空职业技术学院紧跟新技术和产业发展新需求，以推动学校科技创新工作为抓手，组团队、定制度、建平台、树文化，助力"双高校"建设，助推学校高质量发展。

关键词：科技创新；科学家精神；航空精神

随着新一轮科技革命和产业变革的突飞猛进，科学技术和经济社会发展加速渗透融合，科技创新对经济社会发展的作用越来越重要。正如习近平总书记所强调的："科技创新是人类社会发展的重要引擎，是应对许多全球性挑战的有力武器，也是中国构建新发展格局、实现高质量发展的必由之路。"《中共中央关于制定十四五规划和二〇三五年远景目标纲要》中，明确将科技创新作为实现发展目标所要采取的第一项重大举措。作为"双高计划"建设院校，西安航空职业技术学院勇于主动担责，一方面抓好教学改革促进教学质量提升，另一方面推进科技创新落实创新发展战略要求，努力探索中国特色高水平高职学校的高质量发展道路。

一、主要做法

推动科技创新关系图如图 1 所示。

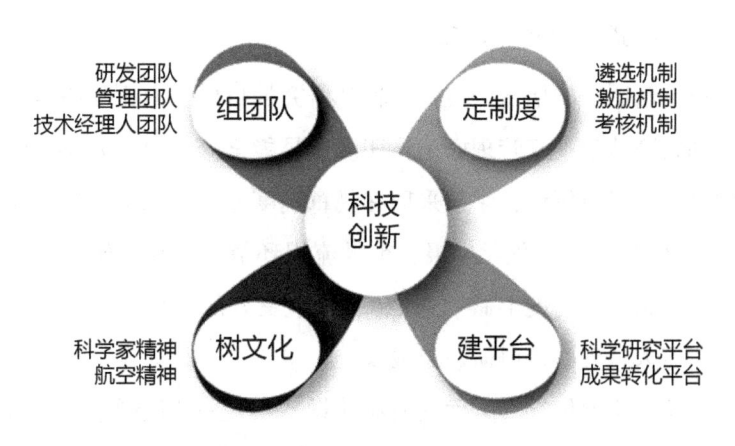

图 1　推动科技创新关系图

(一) 组团队，聚集科研人才

要实现科技创新，人才是关键，如何将更多优秀的科研人才聚集起来，更好地调动主动性、积极性是首要解决的问题。学校经过深入研究，面对科研工作底子薄弱、专职科研人员相对较少的现状，决定以打造科技创新团队为突破口，集中资源重点支持符合国家发展战略需求、地方经济发展需要的研究项目。自2019年开始，学校围绕能充分体现航空特色的重点专业群，将一批道德素质过硬、学术基础扎实、乐于科学研究、专于科学研究和善于科学研究的人才凝聚在一起，启动了培养和造就具有突出创新能力和发展潜力的科技创新团队建设计划，以期实现优秀人才聚集效应，将过去单独分散的科研力量更好地凝聚起来，充分发挥好团队的人才聚集作用，为学校"双高计划"建设提供有力支持。经过3年的培育，学校先后成立了6个校级科技创新团队，涉及装备制造、材料科学、电气控制等专业，并为每个团队配套充足的建设经费，支持团队成员的能力提升、项目研究、成果发表等。

在组建科技创新团队培育研发人员的同时，学校还加大了科研管理团队和技术经理人团队建设。学校定期组织面向管理团队的科研业务培训，包括主管科研的校领导、科研业务部门、团队负责人、二级学院负责人等，邀请校外企事业单位的专家做科研工作专项辅导，组织内部专题研讨会分析问题、分享经验，统一思想、凝聚共识，全力保障科技创新团队的正常运转。学校还从各创新团队、各教学单位抽调部分科研人员，统一组织开展技术经理人培训，使其获得技术经理人执业资格认证，建立创新团队、学校、省三级架构的技术经理人梯队，培养技术成果转移转化专门人才队伍，全力支持科技创新团队技术成果的转化落地。

(二) 定制度，推进科研管理改革

学校搭建科技创新团队的架子，使开展科学研究的目标方向更加明确、技术路线更加清晰，但如何将创新团队建设好管理好，让团队成员能全身心地投入科学研究工作，成为急需思考解决的事情。经过研讨，学校采取在规章制度上做"加减法"的创新举措，通过在科研管理环节上做"减法"，优化申报、审批流程环节，减轻科研人员不必要的层层审批负担，在经费、政策支持力度上做"加法"，营造良好的工作氛围，彻底打消科研人员的后顾之忧，使科研人员安心搞科研、出成果。

在制度创新方面，主要做好三方面的机制建设。一是遴选机制建设。出台《科研项目管理办法》《科技创新团队管理办法》等制度，对纵向、横向、校内科研项目的立项评选把关指导，选出体现理念创新、适应学校发展需求的精品项目；对省、校两级科技创新团队的立项推荐进行规范，明确立项团队的建设目标、研究方向、年度任务等内容，让团队

成员对各自的职责做到心中有数。二是激励机制建设。修订《科研成果奖励办法》《科研工作抵兑基础工作量暂行办法》和《科研经费管理办法》等制度，加大研究经费的支持力度，加大对科技创新成果的奖励力度，引导更多优秀人才参与到科技创新工作中。三是考核机制建设。修订《二级单位科研工作年度考核细则》等制度，对二级单位科研工作指标进行持续优化，对科技创新团队年度任务完成情况进行考核定级，对各类科研项目组织按期结题验收考核，在综合考虑任务完成度、贡献度的基础上，树立正确的科研评价导向。

（三）建平台，提升服务水平

有了团队支持，有了制度保障，学校科研工作整体推进进入了快车道，如何使学校科技创新实现可持续、高质量发展又成为必须面对的问题。学校采取了推进科学研究平台、成果转化平台建设的举措，加大力度整合政府、行业、企业、学校多方创新资源，持续优化科技创新力量的来源组成。

在科学研究平台建设方面，一是继续挖掘已有协同创新中心的潜力，推进校企技术研发协作；二是依托科技创新团队在校内推进省、校两级工程中心建设，协调调动校内外各类资源，促进各类资源、各类信息的共享共用，为技术研发提供软硬件支撑。

在成果转化平台建设方面，一是增设校内专门机构，包括成果转化科、创新创业孵化部等部门，分别为师生创新团队的成果转移转让、科技企业的孵化培育提供支持；二是加强与省、市、航空基地各方的沟通协作，以不同形式将学校的技术成果信息、产业和企业的迫切需求实现双向互通，持续拓宽成果转化落地的渠道；三是加快学校知识产权管理改革试点工作，强化知识产权保护，规范知识产权管理，提升知识产权保护水平，促进科技创新的良性发展。

（四）树文化，坚持正确导向

科技创新工作不能仅仅依靠经费投入、政策红利，要想把科技创新的意识真正融入每个人心中，使科技创新工作真正做到内化于心、外化于行，必须依靠创新文化建设，让创新理念融入每个工作环节中去，让每个人都能受到潜移默化的影响。

正如习近平总书记强调的"科学家精神是科技工作者在长期科学实践中积累的宝贵精神财富"，要实现建设科技强国的目标，全社会就需要大力弘扬科学家精神，努力营造尊重科学、尊重人才的良好氛围。学校在新教师的入职教育、在职教师的职业能力提升培训中，围绕胸怀祖国、服务人民的爱国精神，勇攀高峰、敢为人先的创新精神，追求真理、严谨治学的求实精神，淡泊名利、潜心研究的奉献精神，集智攻关、团结协作的协同精神，甘为人梯、奖掖后学的育人精神等教育内容，邀请校内专家、教学名师等作专题报告,分享实践经验、心得体会,帮助每位教师深刻理解新时代弘扬科学家精神的内涵实质。

学校地处国家级航空高技术产业基地核心区,建校64年来因航空而生,伴航空而长,随航空而强,始终植根航空、情系职教,不忘航空报国的初心和使命。学校始终重视校园航空精神文化氛围的营造,让每位师生深入了解国家航空事业发展的艰辛历程和学校培养航空人才的艰难过程,树立"艰苦创业、团结奉献、育才树人、航空报国、追求卓越"的西航精神,为学校创新发展、追赶超越,提供强大的精神动力、价值追求、思想保证和文化浸润。

二、成果成效

通过实施"组团队、定制度、建平台、树文化"等一系列改革措施,学校近年的科研工作水平取得了许多新的成效,服务地方能力和水平得到进一步提升,为学校"十四五"规划目标的完成奠定了坚实的基础。

科技创新团队已开始发挥良好的示范引领作用,其中周鹏博士领衔的航空用轻合金精密成形技术创新团队和张超教授领衔的航空超精密零部件精整技术创新团队分别获批"陕西高校青年科技创新团队",学校省级科技创新团队数量也占到陕西高职获批团队数的1/2。以科技创新团队核心成员为代表的科研人员,近年先后获甘肃省科技进步一等奖1项,陕西高等学校科学技术奖三等奖2项。龚小涛主持的"'双高计划'背景下高职院校现代学徒制推进策略研究"课题获批全国教育科学"十三五"规划2020年度教育部重点课题,此项目是本次西部地区高职院校唯一获批的教育重点项目。"万人计划"教学名师张超教授主持的"新时代高等职业院校飞机机电设备维修专业领域团队教师教育教学改革创新与实践"课题获批教育部重点课题,张超负责的"飞机机电设备维修专业领域团队共同体协同合作机制"项目获批教育部全国职业院校教师教学创新团队建设体系化课题研究项目。

"双高计划"建设以来,学校新增立项国家、省级、厅级课题96项,完成横向科研项目158项,横向技术服务到款金额突破1 000万元。学校获批航空高端制造陕西高校工程研究中心,获批国家自然科学基金依托单位,获批陕西省高校知识产权管理改革试点学校,获批陕西省知识产权公共信息服务网点,获批西安市知识产权快速办理备案主体单位。

三、经验总结

学校近年来在科研工作方面取得的成绩,正是得益于早抓并抓好了创新体系、创新动力、创新效益三方面的工作。

（一）系统构建创新体系

以团队建设促进科研人才队伍的成长，形成梯队发展的良好基础；以专项经费支持推动科研经费的稳定投入，设立为科研活动提供有效保障的科研基金；深入调查研究以真正摸清教师在科研工作中遇到的难题和急需解决的问题，及时修订完善科研管理制度内容，努力提升治理能力。

（二）多举措增强创新动力

完善奖励激励制度，对取得高质量成果的一线科研人员予以表彰奖励，树立典型榜样；稳步推进工程中心建设，购置能够开展科学试验的仪器设备，支持围绕中心主攻研究方向的课题立项，鼓励科研人员安心做项目；扎实推进知识产权管理改革，保护发明人的权益，在成果转化中取得收益分配向发明人倾斜，调动科研人员参与创新的主动性。

（三）科学评价创新效益

持续改革二级考核中科研指标内容，改变简单以"数量"来评价的导向，加大高质量成果的评价权重，鼓励科研人员将更多成果向实际生产力转化；努力构建集教育、预防、监督、惩治于一体的学术诚信体系，让每一位科研人员能坚持正确价值导向，潜心研究，做到"真研究问题，研究真问题"；探索科研成果评价的新方法，延长成果评价的时间周期，持续关注成果是否得到真正应用，是否真正解决了行业企业的迫切需要。

案例2

西航搭台　产教融合　多主体"共建共管共享"产业学院

摘要：西安航空职业技术学院作为全国唯一航空类院校入选"双高计划"建设单位。3年来，学校坚持问题导向、目标导向，细化产教融合校企合作方案，抓好落实，推进"产业学院"的探索与实践，健全完善运行机制，加快多主体共建产业学院配套政策文件的制定和各项制度的完善，逐渐走出了一条适应学校发展的校企合作之路。

关键词：职业教育；校企合作；产业学院；运行机制

学校秉持得天独厚的区位优势和地域特点，紧跟航空强国战略，突出航空办学特色，服务航空产业发展，紧抓职业教育转型升级契机，深化拓展校企合作模式，多主体"共建共管共享"产业学院，在强化"引企入教"、师资互聘共建师资、开展实习实训、推进成果转化、加强社会培训、发挥骨干企业引领作用等合作方面取得了较大突破，逐渐形成了一套可复制、可推广、可借鉴的案例与经验。

一、实施背景

产业学院建设是学校全面贯彻落实《关于深化产教融合的若干意见》《职业学校校企合作促进办法》《职业教育提质培优行动计划（2020—2023年）》《现代产业学院建设指南（试行）》等相关文件精神的产物，是对国务院、教育部关于深化产教融合校企合作号召的积极响应，是高校服务地方社会经济发展的新举措，是服务行业产业的重要途径。创建产业学院是深化产教融合的需要，是培养大学生职业能力的需要，是开展大学生就业创业培训的需要，是校企双方互惠共赢的积极尝试，也是学校服务地方社会的重要创新和探索。

二、主要做法

（一）完善机制，保障落实

产业学院采取理事会领导下的院长负责制，在政府支持和监督下，学校和共建企业采取共同管理模式。理事会由学校和企业共同派遣人员组成。产业学院院长由学校派遣，院长对理事会负责，主持落实产业学院的全部工作。学校先后出台了《校企合作项目管理办法》《产业学院管理办法》等一系列制度文件，结合《校企合作管理办法》《企业回访实施办法》及各二级院制定的《二级学院提升校企合作水平任务书》打出组合拳，确保了后续产业学院建设工作有章、有序、有效开展。

(二) 强化内涵，形成标准

针对多主体"共建共管共享"产业学院，政府、学校、企业等多元搭建集专业共建、人才共育、基地共建、平台共创于一体的"产学研用"校企合作平台，在人才培养中实施生产项目化、模块化的教学，满足企业的用人需求，有效解决人才培养质量与区域产业发展契合度不高、教学评价标准与产品质检标准融合度不高、行业企业新技术引入教学内容不及时的问题，形成了"多元双主体四共同"的人才培养模式（如图1所示）。

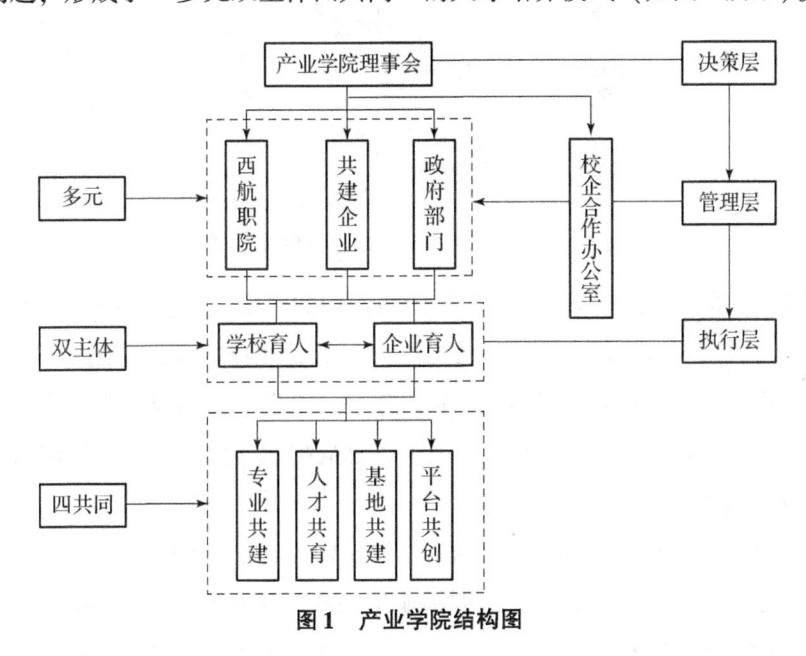

图1 产业学院结构图

(三) 合作创新，多点开花

1. 政校企共建"昆山学院"，打造产教融合新范式

一是构建政府统筹、校企双主体教学运行机制。在与昆山多家企业多年合作订单人才培养的基础上，学校与昆山开发区人社局、在昆山的4家企业组建非法人的昆山学院，政校企以缔结协议、制定章程为纽带，实行政校企理事会领导下的办公室工作制，明确企业和学校育人双主体地位。签订了《昆山学院政校企三方人才联合培养协议》《昆山学院人才培养、服务协议》，法律上明确了政校企生的各方责任、权利、利益，明确了校企双主体、学生员工双重身份。运行经费按照"政府奖补＋企业出资＋学校投入"，形成成本分担机制。规范校企合作的运行行为，出台校企合作奖励政策，构建地方政府的保障机制，有效调动了企业参与校企合作的积极性，确保政校企协同育人运行机制的长效性。

二是形成三元三评双主体育人的"昆山模式"（如图2所示）。高职院校传统单一主体人才培养中，企业核心技术和最新工艺难以进入课堂，导致教学内容与岗位需求严重脱节。对接昆山地区产业发展和昆山学院合作方各企业的需求，校企联合开展现代学徒制、订单式人才培养，双方明确人才培养目标，依据人才成长规律和岗位职业能力分析，参考企业岗位晋升路径，共同制定人才培养方案，确定专业教学标准、课程标准、考核标准，联合开发教学资源，共同实施人才培养过程。

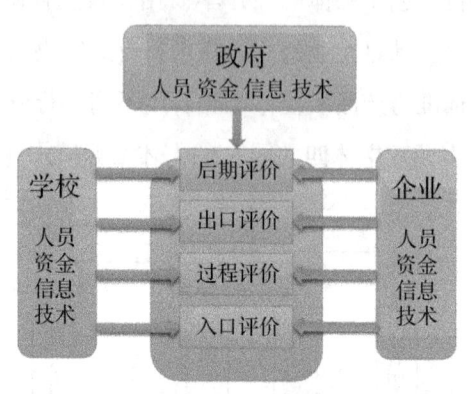

图 2　昆山学院人才培养质量评价体系模型

三是塑造"工学交替、育训结合"的教学组织形式。昆山企业转型升级中，不同类型企业需求数量和岗位不同，政府和 4 家企业、学校组建了昆山学院，通过合作交互培养、行业通用型培养，解决合作企业部分岗位需求量小、教学组织难的问题。将企业岗位培养和学校教学纳入人才培养方案中，昆山开发区人社局提供办公室和集中授课场地，同时校企共享优质教学资源。

昆山学院合作模式凝练的成果获陕西省教学成果二等奖、中国通信学会教学成果一等奖、航空行指委教学成果二等奖。专业群毕业生一次性就业率达到 98.68%，专业就业对口率达到 92.03%。近 5 年计算机类专业荣获各类技能大赛一等奖 24 项、二等奖 42 项、三等奖 52 项，技能大赛优秀指导教师 10 人次，师生获批软件著作权 2 项、专利 14 项。合作模式推广到校外 20 多所高职院校，参与学生扩至 4 000 余人，人才培养质量明显提升。学生获国家级、省级、行业技能大赛前三名 118 项，获批专利 16 项。学校连续 4 年获昆山政校企合作优秀院校，成为支撑昆山市经济社会和行业产业发展的重要支柱。

2. 校企共建"南方测绘产业学院"，搭建技教融合创新平台

一是组建产业学院，推进校企一体化育人。按照"共建共管共享"的原则，南方测绘集团投入 500 余万元，校企互聘人员 48 人，共建南方测绘产业学院，组建理事会，建立理事会章程，明确了校企双方的责权利，构建了集"产、学、研、创、用"于一体，互补、互利、互动、多赢的实体性人才培养创新平台，为提升西北地区航测产业竞争力和汇聚发展新动能提供人才支持和智力支撑。产业学院的成立，实现了现代学徒制由"双主体"育人向"一体化"育人的转变，校企关系从"合作"转向"共生"，校企协同发展、合作育人。南方测绘产业学院技教融合平台如图 3 所示。

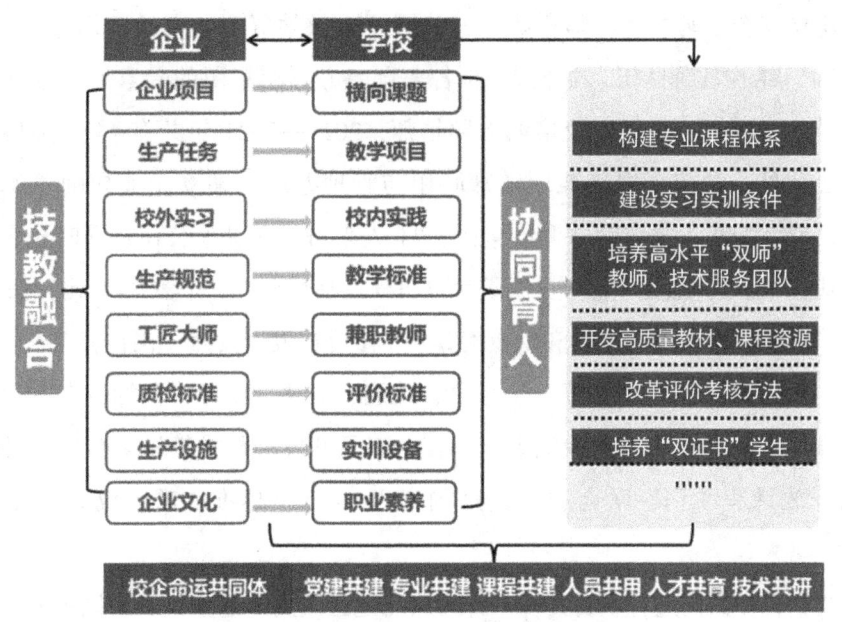

图3 南方测绘产业学院技教融合平台

二是合理分担育人成本，引入行业规范标准。引入企业资源，解决学校教学资源更新与行业企业新技术、新工艺、新规范不同步的问题。校企共同投入资金新建实验实训室，实现校企设备同步更新；互聘共用48人，兼职兼薪，及时将企业新技术、新工艺、新规范引入课堂教学；学校教师为企业开展技术技能服务，实现人员流动双向化，推进产业学院实体化，整合校企双主体创新要素和资源，构建产教深度融合、多方协同育人模式。校企共建实训基地如表1所示。

表1 校企共建实训基地一览表

序号	实训基地	建设内容	功能	共建单位
1	三维激光测量实训室	南方测绘集团投资三维激光点云地形地籍成图软件 SouthLidar 网络版30节点，价值85万元，5年试用期	1. 激光点云数据后处理；2. 激光点云数据三维建模	南方测绘集团
2	无人机航测技术中心	学校购买 HD1600 大型工业无人机一架；南方测绘集团投资南方航测一体化平台 SouthUAV2.0 网络版30节点，价格25万元，永久升级版	1. 无人机航测外业飞行；2. 无人机航测内业数据处理	
3	航测数据采集实训室	南方测绘投资航测采集软件 uFeature3D 网络版30节点，价格17万元，永久升级版	1. 影像数据采集；2. 影像数据编辑	

三是建立校企互聘共用的师资队伍，共同开发教学资源。通过"请进来"的方式，建成"双师"结构教师队伍。学校为15名来自南方测绘集团的专家和技术能手颁发岗位培训指导教师聘书，担任岗位培训指导教师，2019—2021年共有44名师傅承担岗位培训任务。此外，学校依据《兼职教师聘用与管理办法》建立企业导师资源库，入库教师76人，其中45人来自南方测绘集团，31人来自行业其他公司；同时校企融合航测类3个行业标准，将航测内业作业凝练为4个知识领域、17个教学单元，按照"二维四步五析"步骤，即从专业能力和职业素养两个维度出发，按照"岗位分工—任务分解—理论分析—素质融合"四个步骤，从知识、技能、方法、工具、目标五个方面解析达到工作任务和职业素养要求的职业能力点。校企双元开发活页式教材4本、手册式教材11本、在线开放课程5门，联合制定获批国家"1+X"标准2项，成为专业建设基础规范。

四是校企合作共同进行项目开发。针对西北地区航测产业基础弱，国家基础地理信息项目标准高、时间紧、任务重，高技术航测技术人员奇缺的难题，学校根据航测企业生产任务与"1+X"职业技能标准，构建对接"基础任务—典型任务—高端任务"的梯次提升的模块化教学单元，构建"基础教学+生产任务"融合的课程体系，以企业实际生产项目实施为抓手（如表2所示），提高人才培养质量和针对性。

表2 校企共同完成的实际生产项目

序号	项目名称	金额/万元
1	青岛市（局部）机载LiDAR点云数据DEM/DOM制作项目	10
2	汉中市宁强县林权登记数据整合项目	10
3	汉中市宁强县数据库建库服务项目	8.62
4	基于倾斜摄影测量下的房地一体模型DLG制作项目	8.5
5	基于EPS的安徽省淮南市房地一体化数据采集项目	8.2
6	基于SVS Modeler的模型单体化项目	10

航测专业通过教育部现代学徒制验收，被认定为国家级"生产性实训基地"，获批省"一流专业"建设项目；承接企业横向课题金额392万元，申报专利20余项，发表论文30余篇，承担省级以上课题10余项；学生获得省级以上技能大赛10余项。88.6%学生到参与的横向课题企业就业，麦克斯第三方数据显示，本专业学生入职岗位适应能力和就业质量明显提升，毕业生就业率达98.5%，企业对学生满意和很满意的占比达90.2%

（全国平均值为58%），行业龙头企业评价学生"专业素质高、技术能力强、岗位适应性好"。

（四）与军工企业共建"5702产业学院"，多元协同孕育航空工匠

自2013年开始，学校与5702工厂签订现代学徒制培养协议，至今连续9年与企业共同培养出高素质高技术航空维修人才近300人。2020年与5702工厂共建5702产业学院，合作进一步升级。

1. 构建校企协同模式

如图4所示，学校和5702工厂以人员互动交流、共组分层互培、资源共建共享、传承航修基因的发展思路，建立了模块化、项目化的"两化"动态资源整合模式和人才共育、技术共研、人员共用、资源共享、文化共融、标准共订的"六共"协同人才培养模式，贯通了"开放共享、协同发展"的人才培养途径。形成五方人员、技术、设备、资源等动态组合模式，实现人员机动性、机制灵活性、组织动态性；五方在合作框架内互为支撑、互为依托，实现互聘师资和技术人员、共同研究人才培养标准和岗位标准、协同制定课程标准及开发教材、开放资源进行教学活动及实践实训等。

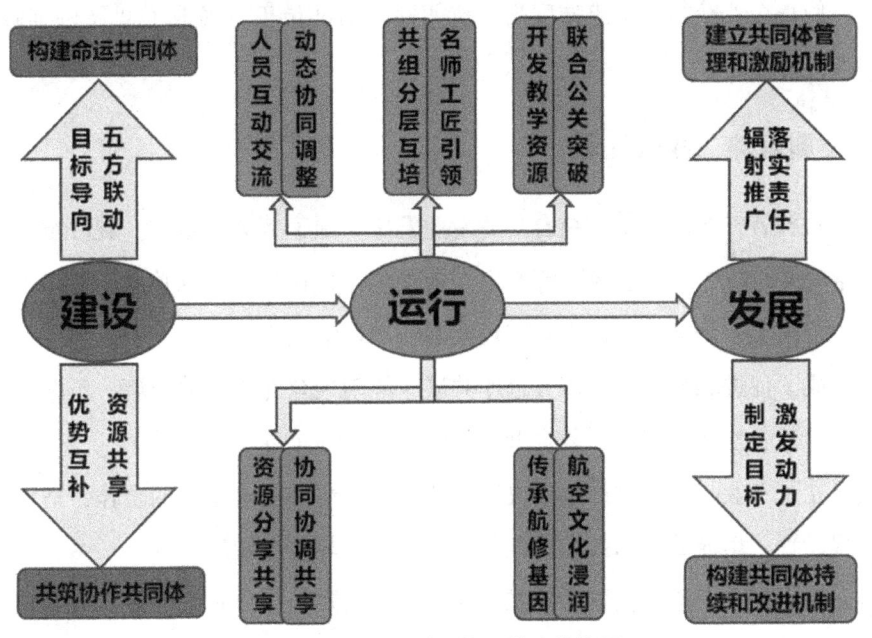

图4 5702产业学院协同模式结构图

2. "准员工"招生，"师带徒"培养

校企双方共同制定选拔方案，成立由企业人力资源部门和学校招生就业处、教务处、专业教师组成的面试小组，按照企业要求，经过初审、复审、面试、笔试环节，从航空维修工程学院6个专业、近1 000名学生中择优选拔20名学生，签订校、企、生三方协议，

组成"5702现代学徒制试点班"。明确培养对象"学生"和"准员工"的双重身份,并签订师徒协议,举行拜师仪式,行拜师礼,确定师徒关系,校企共同建立了师徒培养培训和管理制度,明确了双方的责任和义务。

3. 联合开展攻关,共建"技能大师工作室"

校企双方由学校教师、企业高工和企业岗位工艺主管组成的"校企联合教研室",对教学工作和实习工作进行过程管理与质量监督的同时,承担国家技术研究项目,培养优秀骨干教师,提高创新潜力,通过创新技术项目全面提升团队的科研水平。与航空工业首席技师、全国技术能手、优秀毕业生叶牛牛等行业领军人物共建"技能大师工作室",联合开展人才培养、技术研发、成果转化、生涯规划等工作,将毕业生多年的工作经验和技能反哺学校。

航空维修类专业通过校企深度融合,通过将行业企业标准引入学校,共建大师工作室,共同开发教材及课程标准等工作,使教育与产业达到相互浸润。学校教师通过相互交流将行业企业的新技术和新工艺归纳吸收并固化于教材与人才培养方案,使培养的毕业生达到毕业即能上岗的要求,提高了企业招聘员工质量,减少了员工流动,有效保障了企业用工稳定,使得企业获得一批忠诚度高、技能性强的准员工,形成了"飞机维修找西航"的良好口碑。

三、拓展延伸,成效显著

目前,学校各二级教学单位结合自身专业发展与国家战略,成立"昆山学院""南方测绘产业学院""5702产业学院"等5家产业学院,并在学校凝练总结产业学院模式下进行了创新,走出了一条适合不同学院特色发展的产业学院之路。

一是形成了促进和维系校企双方合作共赢、能动性全面激发的土壤,不断推动校企合作由浅层性、单一性向深层次、复合型方向发展,增强了办学活力。

二是建立了专业与产业发展随动机制,特别是强化与航空企业的合作,适时调整学校专业与课程设置,培养的技术技能型人才与企业能"琴瑟和鸣"。

三是完善了校企合作深度融合模式,通过产业学院与合作企业开展深入合作,实现资源共享,吸引企业把实验和研发中心、大师工作室等研发机构建在学校,使资源充分利用。

四是融合了校企航空特色文化,将航空报国的情怀、大国工匠精神和职业道德素养的培养贯彻在入学教育、技能实习、"订单"培养等校企合作的育人过程中,提高了人才培养的针对性和有效性。

五是搭建了合作就业平台,实现了充分稳定就业。校企通过现代学徒制、订单班等多种形式培养,搭建了合作就业平台,培养了更多符合企业需求的高素质技术技能人才。

通过产业学院的探索与实践,学校校企合作水平得到大幅提升。近年来,毕业生就业率稳定在95%以上,每年约有60%的毕业生签约大中型国有企业,近40%的毕业生签约中航工业、空军装备维修、民航运输、航天科技等行业企业。

案例 3

建机制 拓渠道 强管理 打造西航社会服务品牌
——西安航空职业技术学院提升服务发展水平工作案例

摘要："双高计划"建设以来，学校以打造技术技能创新服务高地为抓手，依托航空（航天）产业，发挥教学、科研、设施和人才等资源优势，通过社会培训、应用研发、技术咨询等工作，融入"航空强国"战略，服务地区的经济建设。在3年的"双高计划"建设期间，学校建章立制作保障，搭建平台强基础，提升管理保质量，构建了"十个三"的社会服务工作模式，较好地完成了提升学校服务发展水平的建设任务。

关键字："双高计划"建设；社会服务；"十个三"工作模式

在3年的"双高计划"建设期间，学校按照"建机制，拓渠道，强管理，创品牌"的思路，创新探索出"十个三"的社会服务工作模式，全面推进社会服务工作，效果显著。学校新获批10项培训资质，年社会服务项目数量相比建设前翻一番，技术服务产值翻五番，到款额增加2倍，社会服务能力大幅提升，形成"助力航空强国、服务地方经济"的社会服务西航品牌。

一、构建"十个三"服务模式，探索社会服务新路径

在3年"双高计划"建设期间，学校为了提升社会服务水平，创新性地提出了十个方面，每个方面三个点的"十个三"社会服务工作模式，并据此构建出开展社会服务的工作框架（如图1所示）。该模式通过做好服务目标规划、建设制度和平台保障体系，做大核心业务，加强对外交流与合作，使社会服务工作落到了实处。

（一）"三个展望""三个交流"，确立发展目标

1. 制定"三个展望"，明确服务目标

学校依托航空（航天）产业，发挥地处航空城的地理优势，兼顾军机、民机维修需求，与航空工业、中国航发等龙头企业紧密合作，开展长期的培训、技术服务工作，以便做强长线项目；加大区域内企业技术服务力度，发挥职业教育的优势，对接企业生产一线，以技术改进为核心，以便做大技术服务；强化管理，提高学校的社会服务质量，增强学校社会服务影响力，以便打造西航社会服务品牌。

2. 开展"三个交流"，扩大服务影响

学校积极参与教育部、发改委等国家部委的对外合作项目，发挥职业院校技术服务的特

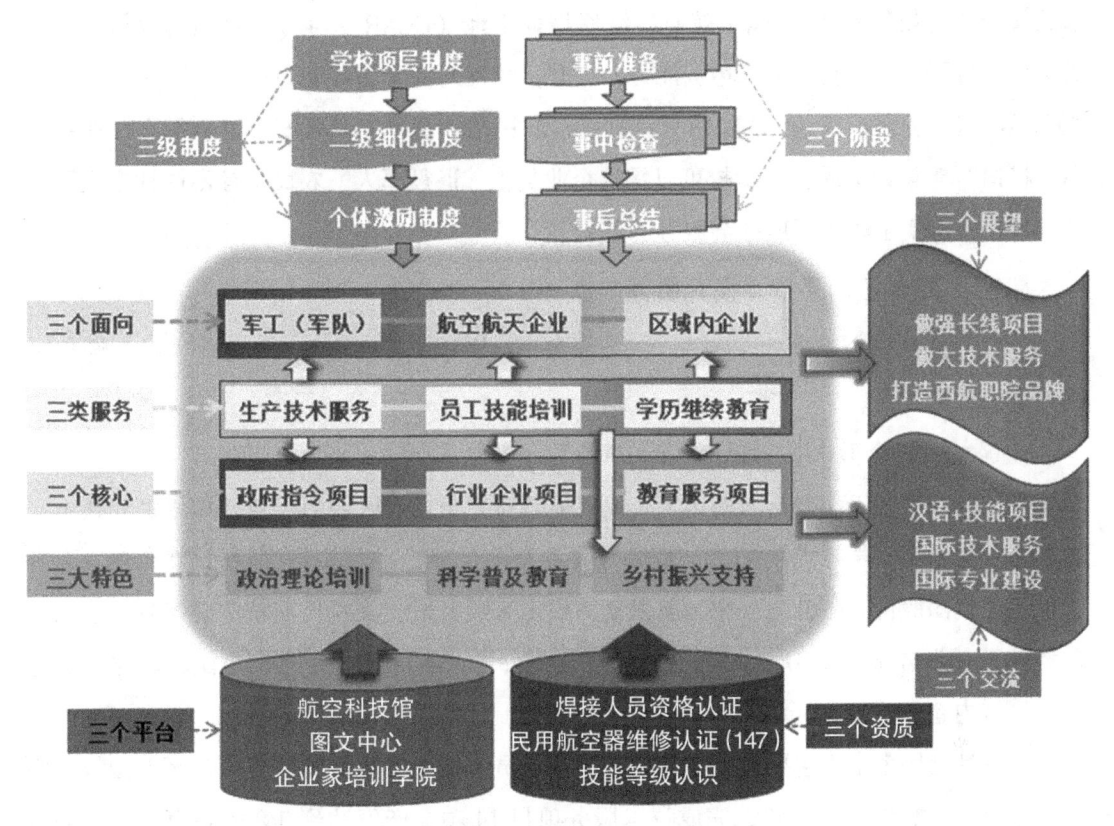

图 1　西安航空职业技术学院社会服务工作框架

点，通过对外籍人员进行技术、技能培训，与国外航空类院校共建专业等三方面的交流，向外输出中国的职业教育标准，提升学校的国际影响力。

（二）"三个平台""三个资质"，夯实工作基础

1. 搭建"三个平台"，拓宽服务面向

学校与航空高技术产业基地共建"航空科技馆"，该场馆已成为学校"科普教育基地""爱国主义教育基地""西安市全运游十条精品线路"和陕西"AAA 旅游景区"。航空科技馆每年接待游客 5 万余人次，游客通过参观航空馆学习航空知识。中小学生在航空馆开展航空文化研学活动，了解航空英雄事迹，激发爱国热情，增强学习动力。以学校图书馆为载体，将服务面向扩展到阎良区的市民，为他们提供阅览、外借和信息检索服务。与阎良区共建"企业家培训学院"，帮助辖区内企业和员工进行技术改进、管理提升、学历提高，为地方经济发展贡献智慧和力量。

2. 取得"三类资质"，提升服务能力

近几年，学校获批建立了"航空工业/中国航发检测及焊接人员资格认证管理中心"，具备了面向航空工业/中国航发开展"检测及焊接人员资格认证"的资质，可以建立高产

值的长线社会服务项目;"民用航空器维修培训基地(CCAR-147)"资质的取得,标志着学校具备了民用航空器维修培训能力,提升了学校的社会服务能力;学校还获得了"省级职教师资培养培训基地""陕西省首批高校农民培训基地""西安市退役军人职业技能承训机构"等培训资质,使学校可以承接企业员工、退役军人、农民工等不同社会人群的培训项目,夯实了学校开展社会服务的基础。

(三)"四个三"举措,提升服务产值

学校坚持"三个面向",做好"三类服务",做实"三项核心",彰显"三个特色",提升了服务的质量。

1. 坚持"三个面向",做好"三类服务"

学校社会服务工作坚持面向军工企业、航空航天企业、区域内企业开展培训和技术服务工作。近3年,学校承接5702、5706等军工航空维修企业员工培训项目20余项,西安飞机工业集团股份有限公司、中国航发动力股份有限公司、陕西长羽航空装备有限公司等航空航天企业培训40余项,西安飞豹科技有限公司、陕西省交通建设集团、航空产业基地等区域内企业培训60余项。

学校社会服务工作主要包括生产技术服务、员工技术技能培训服务、学历继续教育服务三个大类。2019—2021年,完成技术服务项目14项,产值达到3 800余万元;开展企业员工技术技能培训200余期,参培人员5 000余人次;参加学历继续教育215人,毕业85人。

2. 做实"三项核心",彰显"三个特色"

学校的社会服务工作主要是做实政府指令性项目、行业企业培训项目、教育服务三类核心项目。2019—2021年,学校完成政府指令性培训项目50余项,服务到款额达到600余万元;行业企业培训80余项,参培3 500人次;教育服务培训280余项,参培1.6万人次。

学校的社会服务工作彰显出政治学习、科普教育、乡村振兴三个特色。2019—2021年,学校完成政治理论培训50余场,参加学习1.4万人次;依托航空科技馆和线上平台、蓝翔航模社、无人机创客社团开展航空科普教育等品牌活动991项,受益人数达23.8余万人次;帮助潼关县开展电子商务、农业种植技术、计算机应用技能等培训14项,受益群众达1 482人次;搭建了4个村办网络销售平台,在老虎城村援建温室大棚3个,帮助121户群众脱贫。

(四)"三个制度""三个阶段",提供工作保障

1. 建立"三级制度",推进培训工作

为了有效推进社会服务工作,经过3年的探索和实践,学校构建了学校、二级单位、个人三级制度体系,明确开展各类培训的工作流程、各个环节的工作标准、激励办法,很好地调动了教师的积极性,保证了各类培训工作的顺利开展。学校的顶层制度主要包括《社会培训项目管理办法》《高等学历继续教育管理办法》《技术服务项目管理办法》等,二级单位细化制度主要包括《年度社会服务目标考核办法》《社会服务项目实施细则》等,个人激励制度主要包括《个人年度考核积分办法》《职称晋升积分办法》等。

2. 抓好"三个阶段",保证服务质量

为了便于项目管理,保证培训质量,学校承接的培训项目组织实施分为事前准备、事中检查、事后总结三个阶段。事前准备的主要工作是成立项目工作小组、制定培训方案,预约授课教师,签订合作协议,核对资金到账等。事中检查主要是对教师授课过程进行监督检查,班主任填写教师授课日志,学生填写学习意见表,继续教育学院对授课过程进行检查。事后总结是由项目负责人撰写项目总结报告,整理项目执行中的过程材料并归档。三个阶段的工作以学校下发的《西安航空职业技术学院社会培训项目管理办法》(西航职院发字〔2020〕84号)为标准(样表)。

二、践行"十个三"社会服务模式,创造社会服务硕果

(一)项目数量增加,服务产值飙升

2019年,学校社会服务项目数不足百项,到2021年已经增加到232项,服务到款额从2019年不足200万元,到2021年达到640余万元。2019年,社会服务量不足1万人次,到2021年达到3.7万人次。2019年技术服务产值70余万元,到2021年达到2 300余万元。2019年学历继续教育在校生不足200人,到2021年达到287人。经过3年的发展,学校的社会服务能力不断提升,产值不断提高,影响力不断增强。

(二)培训资质增多,服务面向拓宽

近3年,学校看重各类培训资质的获取,已取得"航空工业/中国航发检测及焊接人员资格认证管理中心"等资质10项(如表1所示)。学校的32个专业获得"1+X"证书培训认证资格,截至2021年年底,有4 000余名学生参加认证考试。学校重视红色教育的培训,与延安大学共建红色研修基地,2021年7月,举办首期全国高职院校党委书记"延安精神"红色研修班,参培人员158人。这些培训资质的获得,使学校的社会服务面向进一步拓宽。

表1 2019—2021年学校获得的培训资质一览表

序号	资质	批准单位	批准时间
1	陕西省高技能人才培训基地	陕西省人力资源和社会保障厅、陕西省财政厅	2022年2月
2	CCAR-147民用航空器维修培训机构	中国民用航空局	—
3	航空工业/中国航发检测及焊接人员资格认证管理中心	中国航空工业集团有限公司、中国航空发动机有限公司	2021年3月
4	西安市高技能人才培训基地	西安市人力资源和社会保障局	2020年9月
5	西安市就业、失业、创业培训基地	西安市人力资源和社会保障局	2021年6月
6	西安市职业技能提升培训基地	西安市人力资源和社会保障局	2021年9月
7	西安市退役军人培训基地	西安市退役军人事务局、西安市人力资源和社会保障局、西安市教育局、西安市财政局	2020年12月
8	西安理工大学成人教育函授站	西安理工大学	2019年3月
9	职业技能鉴定机构	西安市人力资源和社会保障局	2021年5月
10	中共西安市爱国主义教育基地	中共西安市委宣传部	2020年12月

(三)培训跨越国界,服务水平提高

学校获批教育部中外语言合作交流中心"踏上'汉语桥',开启中文+焊接技能体验之旅"项目,到款金额34.7万元。该项目始于2022年2月,以汉语教学、文化交流、焊接技能学习为内容,把汉语教学、文化体验、技能学习融为一体。此项目为海外学习者搭建了互动参与、深度体验中国文化与学习中国先进焊接技术的平台。

学校选派航空材料工程学院焊接专业陈茂军老师,参加了有色集团组织的"一带一路"职业教育"走出去"试点项目,整个培训项目共计约7个月(如图2所示)。我校的

陈茂军老师担任焊接组组长，承担 248 课时的培训任务，培训 37 人，得到了企业和学员们的一致好评。学校选派自动化工程学院教师晁林参加了中肯职教合作项目——电工电子专项培训（如图 3 所示），晁老师参与了肯尼亚职业院校的职业培训体系规划、软硬教师培养、理论教学、实际操作培训等工作。

图 2　陈茂军老师参加"一带一路"职业教育"走出去"试点项目

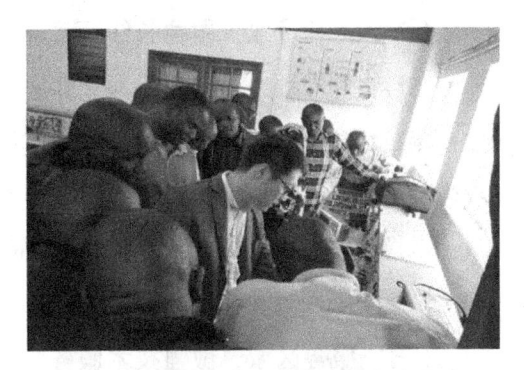

图 3　晁林老师参加中肯职教合作项目

学校积极响应"一带一路"倡议，积极落实陕西省人民政府与菲律宾八达雁省友好交流与合作。张敏华校长带队访问了菲律宾八达雁省（如图 4 所示），学校在人才培养、技术合作、信息咨询等方面与对方进行了深度交流，为八达雁省经济发展贡献了西航智慧。学校通过泰国私立大专联盟，就国际汉语、飞机维修、空中乘务、旅游服务等专业，与泰国广泛开展教师互聘、学生交换、学分互认、游学、访学等方面的交流与合作，双方积极搭建联合培养学生的平台，推动学校与泰国更多院校的师生开展交流合作（如图 5 所示）。

图 4　张敏华校长与菲律宾八达雁省省长签订合作协议

图 5　学校与泰国私立大专联盟合作交流

三、借助"十个三"社会服务模式，打造西航服务品牌

（一）建章立制，做牢服务基础，保障运行

2019 年以来，学校社会服务项目数量、产值均有大幅提高，这得益于学校出台了一系

列制度，调动了广大教职员工的积极性。建立的制度应明确社会服务项目的实施流程，各环节的工作标准，各项目参与人、参与部门的工作职责边界，项目资金使用的范围及标准，激励的金额等，这是社会服务项目开展的基石。利用完善的制度体系指导项目执行，保障项目运行。

（二）依托行业，做稳长线项目，彰显特色

学校依托航空（航天）产业，开发了长线社会服务项目，取得了"航空工业/中国航发检测及焊接人员资格认证""民用航空器维修培训基地（CCAR-147）"、陕西省职业院校教师素质提高计划优质省级基地等承训资质，形成了一批培训量大、产值高的培训项目。做稳这些项目，彰显出学校的办学特色，为把学校打造成为技术技能创新服务高地奠定了坚实的基础。

（三）服务区域，做强技术服务，体现价值

学校引导教职工参与区域内企业的技术改造项目，2019年以来，学校教师的技术服务产值翻了五番，实现大幅增长。学校能做强技术服务的原因在于学校根据所在区域产业特点，结合自己的优势专业，找准了服务定位，明确了服务目标，开发出面向区域企业的新技术、新方法、新工艺和新标准培训项目，并且积极参与企业生产设备改造、产品开发、技术攻关和管理创新等工作，为企业发展贡献智力。

（四）加强管理，做硬服务质量，注重长远

学校注重社会服务项目的管理工作，要求项目执行前做好必要的准备工作，项目执行过程中做好监督检查工作，项目完成后做好总结资料归档工作，主管部门还要全程跟踪项目。学校还建立了联系沟通的交流平台，随时掌握参培人员的学习、生活状况。项目结束后，撰写总结报告，召开会议总结得失，不断总结经验，提高管理水平，提升社会服务质量。

案例 4

航空为本　中文搭桥　借船出海　内外兼修
谱写后疫情时代航空特色国际合作交流新篇章

摘要：西安航空职业技术学院立足航空，服务学校国家级高水平高职院校建设项目，克服疫情带来的不利影响，按照"引进来、走出去、再提高"的思路，开展各项国际交流与合作活动。推进中外合作办学机构建设，引进国外优质航空类教学资源；形成航空类人才培养的国际标准；服务国家战略和中企"走出去"的需求，开展境外办学机构建设，将航空类职业教育解决方案和优质教学资源输出到"一带一路"共建国家；以"中文+职业技能"项目助力专业教学资源国际化水平提升，服务"一带一路"建设，提升学校办学的国际影响力。

关键词：航空特色；国际合作；职业技能；中文

一、实施背景

（一）后疫情时代国际合作与交流的新形势

2020年初新冠疫情暴发以来，世界政治经济格局进一步发生深刻变化，全球经济社会发展遭受重创，经济恢复困难重重，对各国经济社会生活产生了深远影响，也给国际合作与交流工作带来了新的挑战。高职教育的国际化要素——人员、资源、资金和项目的国际化流动都严重受此影响，造成了高职院校国际化成本上升。

（二）后疫情时代高职的国际化发展机遇

疫情的暴发与持续蔓延，也为高职教育国际化发展带来了新的机遇，主要有以下几方面：

1. 技术技能人才缺口较大

依据商务部、国资委、联合国开发计划署对"一带一路"共建国家中资企业及利益相关方的调查发现，"走出去"企业在输出地区面临着专业技术工人匮乏的问题，而这些地区大多职业教育相对滞后。技术技能人才的缺口意味着我国高职院校服务的市场主体业已拓宽，在为当地人民培养技术技能人才的同时，也要为"走出去"企业培养国际化技术技能人才。

2. "双循环"新发展格局引领高职教育对外开放

"双循环"格局要求高职国际化要走先内后外、内外兼修的发展道路。向内是指深化供给侧改革，优化国际化技术技能人才供给，加强"内功"。向外则指适时输出国内优质职教资源与成熟经验，并与世界先进职教理念与资源进行交流互鉴，彰显中国高职教育对人类文明的价值引领，促进构建具有中国特色、国际影响力的高职教育体系。在"双循环"格式下，学校构建了"引进来、走出去、再提高"的国际交流新模式（如图1所示）。

图1 "引进来、走出去、再提高"国际交流新模式

二、主要做法

（一）立足航空服务"双高计划"专业群建设

1. 中外合作办学机构建设持续推进

学校稳步推进教育部中外人文交流中心的"人文交流经世项目"建设。坚持"对接国际标准，深化内涵建设"的专业国际化办学思路，推进"人文经世学院"项目。在无人机应用技术、飞机机电设备维修等领域，与俄罗斯萨马拉国立航空航天大学合作，计划打造国际标准化专业群及人才培养方案，开发国际通用或领先的专业标准、课程体系和教学资源，推动学校相关专业在学科建设、课程构建、人才培养等方面快速提升实力。中外合作办学机构建设工作正稳步推进中。

2. 教师国际化素养不断提升

为推进学校"双高计划"建设工作任务，提升教师职业能力与国际化素养，创新培训形式与渠道，2021年11月—2022年1月，学校与乌克兰国立航空大学联合开展航空专业师资能力提升网络培训项目，邀请乌克兰国立航空大学教授、学科骨干教师为学校专职教师开展网络在线实时授课。授课内容有助于提升学校教师理论水平与教学能力，同时也进一步开阔了教师的国际视野，增强了跨文化沟通能力，提升了教师的国际化素养。

（二）苦练内功推广"中文＋职业技能"模式

1. "汉语桥"体验项目助力专业国际化发展

"踏上'汉语桥'，开启中文＋焊接技能体验之旅"线上团组项目依托教育部语合中心"汉语桥"项目，由有色行指委组织职业教育"走出去"试点院校申报实施，旨在整合国内优质职业技术与汉语教学资源，通过"职业技能＋汉语"的教学模式面向"一带一路"共建国家相关专业的从业人员开展职业素养提升与文化交流活动，进一步推动中国优质教育资源走出去，促进"一带一路"共建国家民心相通。

通过本次汉语桥团组项目，一是为学员提供一个了解中国文化和焊接技术的平台，让学员了解焊接技术是工业的基础和核心加工技能，激发学员对中国文化和焊接技术发展应用的兴趣，从而为目标国和地区的机械装备制造行业产能合作和技术发展发挥积极的作用。二是以中国文化＋焊接技术为生发点，让学员了解中国文化、国情民情、科技发展及中国焊接技术发展、应用，开阔学员视野，搭建复合型平台，助力"一带一路"共建国家和地区解决就业问题。

2. "中文＋职业技能"教学资源建设开启新局

学校组织专业教学力量申报的"国际中文教育中文水平等级标准"教学资源建设项目职业教育校企协同"走出去"背景下《焊接汉语综合教程》（法语注释版）经教育部中外语言交流合作中心专家评审，于2021年12月批准立项，资助经费19万元，首期到账13.3万元。

该教材以"语言＋技能＋文化"三位一体的思路构建教材整体框架，以法语为注释用语，紧密结合工作岗位用语需要，结合海外学习者的汉语认知规律，将汉语语言教学、工业技术教育与国际化行业企业标准相融合。同时重视中国文化与汉语语言学习，让教材在承担技术技能培训载体的同时具备一定的文化传播功能，在目前形势下，对进一步提升中国国际影响力、促进中国标准输出、保障中资企业在海外可持续高质量发展、促进中外文化互通与民心相通等方面具有紧迫的现实意义。

（三）借船出海探索校企协同走出去路径

1. 海外分校建设

学校与缅甸、老挝、菲律宾等东南亚国家进行国际教育合作洽谈。通过中外合作办学机构暨"经世学堂"建设，实现中国高校与海外高校的专业共建，共同开发中外合作办学专业人才培养方案、课程标准和教学资源，为"走出去"的中资企业培养在地的高层次国际化技术技能人才。以无人机植保相关专业为主要输出专业，与深圳大疆公司合作，将行业企业拥有的主流技术、产品资源转化为专业标准、课程资源和实训项目及设备，以服务

"一带一路"国际化技能型人才需求为导向,通过国内外高校资源互补,实现国际化技能人才的双向培养,建立国际教育合作新典范。

2. 服务企业海外人员培训

结合大疆公司海外客户服务和员工培训需求,学校教师积极参与有关培训资源开发制作,承担相关培训和客服工作,并积极将有关项目和经验引入学校无人机应用技术专业有关教学过程中,提升了学生的学习效果。

三、实施效果与经验总结

(一)后疫情时代航空类教育资源交流模式得到拓展

按照"引进来、走出去、再提高"的思路,"引进"吸收国外优质航空类教学资源;打造国际航空人才培养研究中心,与"走出去"中资企业合作,根据外方在地需求,定制教学解决方案,形成航空类人才培养的国际标准;服务国家战略和中企"走出去"需求,开展境外办学机构建设,将航空类职业教育解决方案和优质教学资源输出到"一带一路"共建国家;以"中文+职业技能"项目助力专业教学资源国际化水平的提高,为老挝、巴基斯坦、菲律宾等"一带一路"共建国家发展提供所需的汉语加专业教学资源。形成了后疫情时代航空特色教育资源的国际合作交流新模式。

(二)学校国际化办学理念与顶层设计初步形成

学校相关国际化交流活动的推进,进一步健全了国际交流相关体制建设,保障了国际合作与交流工作健康有序地运行。明确了职能部门和二级学校的工作职责,形成运转流畅的管理网络和行之有效的运行机制,依托二级学校共同推进学校的国际化进程。加强国际交流人才队伍建设以及对外汉语教学和专业教学人才储备,切实提升学校开展国际化教学与管理人员的跨文化交际能力与国际化专业素养。引进能与"一带一路"共建国家交流的小语种人才,为全方位开展国际交流工作提供人员智力保障。

案例 5

瞄准高端　产学研用　团队引领
——打造飞机机电设备维修专业群技术服务平台

摘要：技术服务平台是开展技术服务的主要载体，能促进技术技能积累，提升科技服务能力和教育教学水平。飞机机电设备维修专业群技术服务平台瞄准产业高端，结合产学研用，发挥人才培养、科技攻关、智力支持和科研服务的功能，注重团队成果研究推广，打造技术服务平台，设计并推出多种服务方式，促进科学研究，促使更多科技成果实现转化，培养地方建设所需要的专业化人才，服务地方高质量发展。

关键词：瞄准高端；产学研用；团队引领；技术服务平台

一、实施背景

《中国教育现代化 2035》《国家职业教育改革实施方案》等一系列支持职业教育改革发展的政策，为办好新时代职业教育提供了施工蓝图。《国家职业教育改革实施方案》提出要推动校企全面加强深度合作，职业院校应当根据自身特点和人才培养需要，主动与具备条件的企业在人才培养、技术创新、就业创业、社会服务、文化传承等方面开展合作。为此，学校需要提升科研和技术创新能力，对接科技发展趋势，以技术技能积累为纽带，建设集人才培养、团队建设、技术服务于一体，资源共享、机制灵活、产出高效的技术服务平台，促进创新成果与核心技术产业化，加强与地方政府、产业园区、行业的深度合作，增强服务行业企业和社会经济发展的能力。

二、主要做法

（一）瞄准产业高端，明确平台服务方向

学校地处国家级航空产业基地，肩负着服务区域航空经济发展、推动中小微企业技术革新的重任。秉承"大师助力、名师牵头、人才驱动、企业承托、教师成长"的科研创新服务理念，以航空维修工程技术中心和航空高端制造工程中心为支撑，依托民用航空器维修培训基地、飞机机电设备维修和飞机电子设备维修专业实训基地、省级高校创新团队（航空超精密零部件精整技术创新团队和航空用轻合金精密成形技术创新团队）、飞机零部件制造与装配产教融合实训基地，搭建飞机机电设备维修专业群技术服

务平台（如图1所示）。

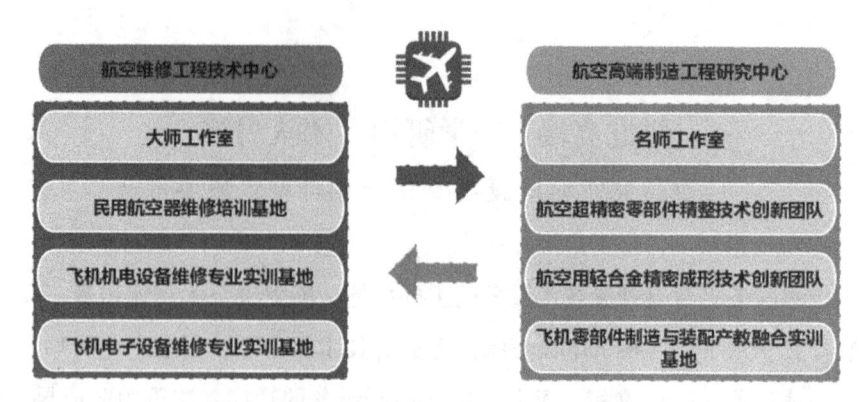

图1 飞机机电设备维修专业群技术服务平台

坚持"理念引领，平台支撑，模式创新"的原则，瞄准"航空装备深度修理"和"航空装备高端制造"两条主线，通过"深入一线找课题、输送技术入班组"，锤炼科研人员科技攻关能力，提升团队的科研、技术服务水平，强化技术技能积累与创新，聚力打造"西北离不开、航空都认可、跨界有影响"的技术服务平台，切实提高学校服务航空产业、地区经济高质量发展的能力和水平。

依托航空维修工程技术中心，以数字化驱动为手段，从粉末制备、激光熔覆工艺研究方面，为中国人民解放军"57"系列企业开展航空发动机静止部件、机匣类部件、转动部件的深度维修，联合科研攻关，建立航空关键重要件激光熔覆的粉末制备、修复工艺标准。

依托航空高端制造陕西省高校工程研究中心，专业群围绕航空部件生产、样机制造、飞机数字化制造技术，紧贴区域航空行业企业需求，解决航空企业生产中的实际难题，提高生产效率、产品质量，全方位打造飞机机电设备维修专业群技术服务平台，推动中小微企业新产品研发和技术成果转化，引领区域航空中小微企业高质量发展。

（二）结合产学研用，明晰平台服务功能

学校紧扣区域发展，紧跟"一带一路"建设和国际产能合作，汇集人才、技术和资讯等全球资源，发挥专业群优势，重点在航空维修与制造等领域打造飞机机电设备维修专业群技术服务平台，健全"产学研用"一体化机制，构建技术领域服务中心的资源整合、运行管理、人才队伍、科技成果评价的技术平台模式，实现平台人才培养、科技攻关、智力支持、科研服务四大功能（如图2所示），推进行业关键技术攻关和面向中小微企业开展技术服务，建成国内具有重大影响的关键技术基地。

1. 发挥人才培养功能

技术服务平台建设的功能定位是培养一批名师工匠和研发精英，培育一批符合地方产

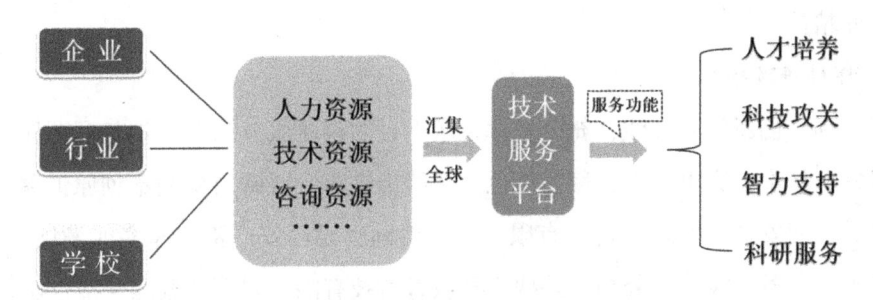

图 2　飞机机电设备维修专业群技术服务平台功能

业需求的技术技能大师。2019 年以来，专业群培养了"万人计划"教学名师 1 人，陕西省高校青年杰出人才 1 人，省级教书育人楷模 2 人，省级师德标兵 1 人，省级教学名师 1 人，校级师德先进个人 2 人，涌现出诸如"蓝天工匠"叶牛牛、"全国五一巾帼标兵"彭小彦 等一批维修与制造领域精英人才。一是服务教师能力提升。结合专业群建设，与行业领先企业密切合作，联合开展技术攻关、成果转化、标准制定等活动，提升教师专业技能和科研能力。二是服务学生成长成才。遵循学生成长规律，根据项目研发内容，深挖关键要素，开发"飞机铆装与机体结构修理技术""飞机钣金成形技术"和"飞机装配连接技术"等共享课程。制定培养标准，推进课堂革命，构建系统平台培养体系，实现人才培养与技术技能创新的深度互融互通。

2. 发挥科技攻关功能

平台要实现两大重点服务。一是重点服务企业特别是中小微企业的技术研发和产品升级。专业群与规模企业建立深度合作关系，重点在航空维修与制造等领域开展技术攻关、资源共享，精准服务区域企业。专业群完成了"一种自动化割台的研制"和"某型无人机复合材料天线罩的成型工艺研究与试制"技术攻关项目 2 项。二是重点服务重点行业和支柱产业发展。依托 5702 工厂航空维修技能大师工作室和张向峰数控设备维修技能大师工作室，发挥"精英工匠"的示范引领作用，与行业领先企业合作，建成兼具产品研发运用、工艺开发设计、技术升级推广、大师培育成长功能的技术技能平台，支撑区域重点行业和支柱产业发展。

3. 发挥智力支持功能

通过科学合理的制度保障，调动专业群骨干教师的积极性，利用技术平台资源，瞄准产业高端，开展前瞻性决策咨询研究。为西安威胜航空科技有限公司提供飞机门梯一体化技术咨询，为西安托尼智能科技有限公司、西安久源航空机械科技有限公司、西安华赫装备制造有限公司、西安宏博航空科技有限公司等提供智力支持，实现智力成果反哺学校教科研、反哺社会发展，与时代进步同频共振，把师生引入企业服务的团队中，在岗位实践中锤炼工匠精神。

4. 发挥科研服务功能

着眼全局，创新研究实践，充分发挥技术平台的科研服务功能，把各项课题、专利研究融入日常工作中，突出重点，彰显特色。持续推进落实科研成果向秦创原汇聚，培育孵化科技型企业西安鼎飞翼航空科技有限公司，协助建设西安广汇汽车实业发展有限公司、西安亚成电子设备科技有限公司、陕西天益教育科技有限公司等产教融合型企业。

（三）发挥团队引领，注重平台研究推广

技术服务工作围绕专业群开展研究，需要教师、学生、企业等共同参与，这就需要组建科研团队，推动专业群技术服务工作的全面展开。专业群十分重视科研工作，在全省高职院校中率先成功申报省级科技创新团队，目前已经有国家级职业教育教师教学创新团队立项建设团队1个、第二批全国高校黄大年式教师团队1个、陕西省科技创新团队2个、校级科技创新团队2个（如表1所示），在校内形成了良好的科研氛围。

表1　技术服务创新团队一览表

序号	团队名称	团队负责人
1	国家级职业教育教师教学创新团队——飞机机电设备维修专业团队	张超
2	第二批全国高校黄大年式教师团队——飞机机电设备维修教师团队	张超
3	陕西省科技创新团队——航空超精密零部件精整技术创新团队	张超
4	陕西省科技创新团队——航空用轻合金精密成形技术创新团队	周鹏
5	校级科技创新团队——航空产品智能制造技术创新团队	张超
6	校级科技创新团队——高端装备零部件再制造技术创新团队	豆卫涛

团队对于激光熔覆技术进行多年的研究，申报教育厅、科技厅项目3项，并为5701工厂、5702工厂进行横向项目服务。目前与西安云鼎光电科技有限公司共建校企生产性实训中心，主要为航空基地中小微企业进行技术和加工服务，同时对学生进行培训，并与西安交通大学、国防科技大大学、大连交通大学、太原科技大学、山西大学等合作，共同进行工艺开发测试、研究生项目试验打样。在铁基、镍基、钴基、耐磨碳化钛、碳化钨等应用方面取得一些成果，目前正处于项目成果推广阶段。

在航空维修用脱漆剂方面，已研制出应用于航空维修行业的新型航空环保脱漆剂——利超二号，对人体无毒无害，可完全替代进口脱漆剂，该产品不仅在技术方面突破了现有产品无国产化、安全和环保技术的瓶颈，而且价格约为国外同类产品的1/2。目前团队已

经与西北大学和西北工业大学、5701 工厂、5702 工厂及中国航天工业集团和一系列民航企业合作，并签订了一系列意向合同，价值共计 296 万元。同时，项目团队已经参加 2021 年秦创园第五届陕西省高科技成果展示会和 2021 年 7 月第五届国际新材料新工艺及色彩展览会，以便更好地向国内推广利超二号脱漆剂。

团队实现了利用振动激冷技术在铝合金熔模铸造细晶上的调控、航空发动机高温合金叶片卡座重熔层的去除及焊接、铝合金铸件致密化的热等静压等多项科研项目，并且完成了实验验证。

团队经过近两年的时间，为宝钛集团以及西北有色金属研究院下属西部超导材料科技股份有限公司生产的大盘卷钛合金丝材实施多牌号、多批次、多规格的样品试生产，对其机械加工工艺等关键参数进行多次实验调整，目前该技术能够满足航空航天紧固件大盘卷钛合金丝材的尺寸精度及要求。航空航天领域的紧固件用材料"卡脖子"技术有望提前得到彻底解决。

三、成果成效

经过 3 年建设发展，依托 2 个陕西省科技创新团队、2 个校级科技创新团队和 1 个航空高端制造陕西省高校工程技术中心，学校为西安晶飞航空科技有限公司、西安鑫旌航空科技有限公司、西安鼎飞翼航空科技有限公司等提供舱门疲劳测试系统、激光熔覆设备研制、飞机方向舵壁板的热压罐成型工艺研究、飞行器维修虚拟仿真设备配置及项目制定等技术服务，技术服务产值累计 2 360 余万元，年增长率达 55.7%；在国内外核心期刊发表论文 43 篇；授权专利 25 项，科技成果转移转化 4 项，成果推广 6 项；技术攻关 3 项；提供航空领域规划咨询 15 次；承接企业横向课题 27 项，横向科研课题到款额 281.8 万元；科研服务立项 16 项；培育省部级科技进步奖 2 项；培育孵化科技型企业 1 家；协助建设和培育产教融合型企业 2 家。

四、经验总结

一是专业群技术服务与产业链要高度匹配。专业群服务区域产业发展，同时在区域产业结构调整优化过程中营造技术服务和产业对接相辅相成的良好环境。研究专业群的逻辑框架，实现专业群与技术服务与产业链的高度匹配。

二是专业群技术服务与区域产业要深度协同发展。专业群的组建不单单打破传统高职教育的构建模式，更要摆脱"核心专业+一般知识"的束缚，让专业群的技术服务意识发散化，以上下游产业链或某一技术（或服务）领域进行组建蓝图，实现跨专业知识与技能的整合，进而实现与区域产业的深度协同发展。

三是对于专业群下一步的发展方向，专业群还需要关注地区产业发展规划，利用大数据等新技术建立专业动态调整机制，服务地区新旧动能转换，大力推动"新技术、新产业、新业态、新模式"所形成的新经济发展。专业群在进一步加强现有科技成果转移转化和技术推广的同时，持续探索一些前瞻性的应用技术研究，打造高层次人才引进平台和高新技术企业孵化平台，助推地方经济高质量发展。

案例 6

精准对接产业需求　提升服务培训水平

摘要：依托国家级航空机电类"双师型"教师培养培训基地，发挥飞机机电设备维修专业群民航维修、军航维修优势，开发航空维修特色的培训项目，制定岗位培训标准，服务现役军队航空维修人员、军工企业职工、区域航空企业岗位培训，开展高校师资培训讲座，将成功案例推广给高校、军队和企业，从而提高军人基本素质和飞机维修水平，为军工企业制定培训标准并增强企业生产水平，提高专业群知名度，引领职业教育发展，更好地服务于地方经济建设。

关键字：培训基地；现役军人；军工企业；地方经济

一、实施背景

2019年2月国务院颁布《国家职业教育改革实施方案》（国发〔2019〕4号），进一步明确了实施学历教育与培训并举是职业院校的法定职责，要求职业院校开展高质量职业培训。发展现代职业教育，是提升人力资源素质、稳定和扩大就业的现实需要，也是推动高质量发展、建设现代化强国的重要举措。作为国民教育的重要组成部分，职业教育与社会、经济发展联系最为密切，贡献更为直接。"类型教育"赋能职业院校要做好社会职业培训。飞机机电设备维修高水平专业群肩负着现役军人培训、军工企业员工培训的社会责任。服务军民融合发展，把军队相关的职业教育纳入国家职业教育大体系，共同做好面向现役军人的教育培训，支持其在服役期间取得多类职业技能等级证书，提升技术技能水平，更好地服务国防现代化。

二、主要做法

专业群以航空机电类"双师型"教师培养培训基地为平台，依托民航维修优势，深入调研一线工作岗位，探索培训需求，制定培训标准，为军工企业员工、航修军人提供技术技能培训；依托名师品牌效应，为高校开展教师培训讲座，引领职业教育改革，达到"以民哺军"，充分利用民口优势资源反哺军航维修；坚持"以军促民"，充分借助军航核心修理技术助推国内民航自主保障能力建设和地方经济社会发展的效果。

（一）融合民航维修规范，提升军航维修人员水平

民航公司以自有机队运营成本为主要考量，依据机队大小、机务运作、管理自主、飞机调度派飞等重要需求，建立必备清单，与原厂签署补给支援协定，利用原厂的补给设备和技术提供维修支援，民航维修技术和规范更加对接欧美维修标准。军机依作战需求在设计阶段即已将维修概念纳入规划中，凡涉及关键自主、机敏安全、高价、生产前置时间较长等足以影响战备自主的项目，均参照效益评估、消耗材料、人员训练等，统计其投资损益比例，以可靠度为中心的维修方式制订计划性修护与非计划性修护，以确保任务执行。

军用航空维修一直在借鉴民航规范要求，发展军用航空维修。培训基地拥有按民航CCAR-147新规范要求建设的实训基地和具有CCAR-66维修执照的高技能民航维修教员。利用航空机电师资培训基地、民航实训基地和民航人员，为现役军用航空维修人员提供机务对口培训，主要内容包括飞机原理与结构、航空器维修概论、航空概论、涡轮发动机、维修基本技能实践和航空器维修实践。现役军航维修人员借鉴民航维修模式，将民航维修标准融入工作岗位当中，确保航空飞行绝对安全，确保人员生命绝对安全。

（二）依托军航维修优势，提升军工企业员工技能水平

学校曾隶属空军装备部，专业群为军航维修企业，如5702工厂、5706工厂等，培养了军航维修人才。专业群通过内培外引的方式提高师资实力，现具备军航维修总师2人、军工企业维修高级工程师6人，多数教师赴军工企业学习，目前的教学团队具备服务军工企业培训的能力。军工企业由于保密性，对外交流比较少，在技术技能培训上有局限性，专业群的军航维修基因更好地解决了为军工企业培训的问题。

专业群准确把握军工企业员工培训的现状，根据一线员工工作情况，梳理出培训需求，把爱岗敬业的要求以明确的方式归纳到培训的每一个环节中：对企业忠诚、对制度敬畏、对安全重视、对个人负责；选择对培训主体有价值的教材，保证所实施的培训具有可行性价值，满足企业需求，提高学员的学习兴趣；以多样性培训具有的张力所构成培训的弹性空间，有效引领学员在课堂上与教员之间的互动，从而营造出一种开放的授课氛围，形成教育话语的有效传递；根据核心操作程序中重要性分配考核指标，把控考核全过程，按等级评定考核结果，提高企业员工的质量意识。

（三）发挥名师引领作用，助推航修同类院校专业发展

飞机机电设备维修专业群负责人张超教授（二级）作为国家"万人计划"教学名师、全国职业教育先进个人和国家职业教育教师教学创新团队带头人，以专业群建设为依托，围绕"三教"改革，总结出可供迁移和借鉴的案例和经验，内容主要有：一是为高校提供高职航空机电维修专业"标准融通军民两用"的人才培养体系探索与实践的经验和方案；

二是总结全国创新团队建设经验，为各校打造高水平师资队伍，提供借鉴，推进"三教"改革落地；三是为职业院校开展专业群建设经验讲座，从专业建设、技术技能创新平台、课程体系、教学内容、实训基地建设、师资队伍建设、社会服务能力、专业群管理、国际交流与合作、教学资源建设、教学方法与手段、人才培养质量等方面发挥高水平专业群的辐射带动作用。

三、成果成效

（一）航修品牌成为西航亮丽名片

专业群为空军西安飞行学院、海军某部等现役军人提供技术技能培训，达到 467.67 人·日·年$^{-1}$，并呈逐年上涨趋势。专业群充分利用教育教学资源，做到服务军民融合，做好面向现役军人的教育培训，支持其在服役期间提升相关技术技能水平，正是学校贯彻落实军民融合发展战略和《国家教育改革实施方案》，强国强军责任感、使命感的具体体现。

（二）培训标准成为新员工必修课

专业群为西安宇烈科工有限公司、陕西长羽航空装备等军工企业提供技术技能培训，达到 6 534.5 人·日·年$^{-1}$，并呈逐年上涨趋势；专业群为空军西安军械修理厂、5719 工厂等军工厂制定电子装配培训工培训标准、液压与气动技术培训工培训标准、航线机械员岗位培训标准等 9 项培训标准，服务于航空产业链岗位。在为军工企业员工制定标准和培训的同时，提高教学团队的实践教学水平，打造了兼具军航和民航特色的教学团队。

（三）对外培训打造西航维修品牌

专业群为渭南技师学院，宝鸡职业技术学院、兰州资源环境职业技术学院、兰州职业技术等校开展师资培训，达到 4 989.5 人·日·年$^{-1}$，并呈逐年上涨趋势，辐射带动引领国内外同类专业建设。南京工业职业技术大学、无锡职业技术学院、陕西职业技术学院等省内外 50 余所高校前来学习借鉴，并且为加蓬共和国提供航空维修专业建设方案，中央电视台《新闻联播》节目、《中国青年报》、《华商报》等对西安航空职业技术学院校企合作、产教融合等方面进行专题报道，引领国内外航空维修类专业职业教育发展。

四、经验总结

（一）精准对接需求，开发培训项目

专业群教师深入军工企业一线岗位，准确把握员工工作和培训的现状，纵观整体培训

效果，将一线岗位实际的工作重难点与培训内容相结合，突出培训重点内容，避免培训过程陷入看似按部就班、实际上却收效甚微的培训误区。培训目标和培训内容突出工程实践技能的培训；培训形式坚持"高新、实用、实践"的原则，强化实践环节，采取现场观摩、顶岗锻炼、参加企业大检修、技术改造、技术攻关项目等形式，使培训对象能够亲身体验、深入了解现代化的工艺流程、生产环节；深入推进"敬仰航空，敬重装备，敬畏生命"的航修精神与"零缺陷，无差错"等职业素养融入培训内容，体现培训文化与目标、规格相互一致、深度融合。

（二）精心组建团队，提升培训质量

专业群发挥名师加航修技能大师引领，以"三教"改革为依托，建立名师与中青年骨干教师合作互动、梯队培养机制，带领中青年教师参与教育教学改革研究，加速中青年教师成长成才、技能大师建立科学的技能训练体系和常态培养机制，强化理实一体化教学，提高教师的实践教学能力。开展"学习试飞英雄优秀事迹""工匠大讲堂"等系列活动，实现职业技能和职业精神培养高度融合，打造出理论与实践并重、具有高素质的"双师"教师团队。

案例 7

培育双语英才　增强国际交流　助力专业群"双高计划"建设

摘要：坚持国际合作、开发创新成为我国深化职业教育教学改革，全面提高人才培养质量的重要原则。在教育国际化背景下，教师的能力建设尤其是双语教师的能力建设关系到国家未来的教育国际化水平。案例着重探讨了飞机机电设备维修专业群如何依托国际合作与交流，搭建双语教师专业发展平台，制订"英才计划"，培育高水平高素质航空维修专业双语教师，引进国外先进专业标准和人才资源，完善专业群航空专业课程体系，助力学校"双高计划"建设。

关键词：英才计划；国际合作与交流；双语教师

一、实施背景

高校推进双语教学是加快我国高等教育国际化，培养具备适应国际竞争能力需要的创新型人才的重要途径。《国家中长期教育教学改革和发展规划纲要（2010—2020年）》明确提出："适应国家经济社会对外开放的要求，培养大批具有国际视野、通晓国际规则、能够参与国际事务与国际竞争的国际化人才。"双语教师作为双语教学的主要资源和最直接的实施者，是推进双语教学目标最终实现的主要力量，高素质的双语教师是保证高质量双语教学之关键。培育双语教师，开展和推进航空维修类课程的双语教学，一方面可以将国外先进航空产业领域的新标准、新规范、新工艺引入教学内容中来，完善专业群的航空专业课程体系；另一方面可以将优秀的课程资源分享出去，通过开展国际培训、合作办学等项目加强学校的国际影响力。

二、主要做法

（一）制订"英才计划"，加速双语教师培育

自"双高计划"建设开始以来，飞机机电设备维修专业群为深入贯彻人才强校战略，培养造就青年英才，推动师资队伍可持续发展，结合学校《西安航空职业技术学院青年英才遴选及管理办法》，制订了专业群双语教师"英才计划"。经过选拔，先后派遣了郝瑞卿、马晶、齐贝贝等数十位专业群骨干教师前往西安外国语大学进行英语强化，以达到国家留学基金委资助出国的外语条件。遴选出来并通过考核的青年英才积极主动申请国家基

金委的出国访学项目，前往德国、荷兰等国进行不少于3个月的学习交流。"英才计划"一方面直接有效地提高双语教师的外语水平与教学技能，另一方面可以习得国外先进的双语教育教学理念、方法，开阔视野，了解多元文化，从根本上解决专业群双语教师队伍整体水平不高的现状。通过境外学习，双语教师的国际交往能力明显得到提高，并引进了大批新教材及新的教学方法，对学校国际化人才培养产生了重大影响。

（二）建立发展平台，完善国际合作制度

1. 建立发展平台，健全体制建设

学校成立了由专业群带头人和二级学院的主要领导组成的国际交流与合作工作领导小组，以全面加强对国际交流与合作工作的统一领导。建立双语教师发展平台制度，制定了《飞机机电设备维修专业群双语教师管理办法》，明确了由专业群内选拔到国内重点培育再到国外留学访学的双语教师培养发展模式。领导小组不定期召开工作会议，研究、总结和部署专业群的国际交流与合作工作，有计划、有步骤地推进本规划中各项任务的分解落实。

2. 加强资金保障，完善国际交流制度

为加强国际交流人才队伍建设以及对外汉语教学与专业教学人才储备，学校通过开展"中文+焊接技能体验"的"汉语桥"项目以及与安哥拉共和国、韩国岭南大学等的国际培训与交流活动，切实提升专业群开展国际化教学与管理人员的跨文化交际能力与国际化专业素养。在资金方面除设立用于常规外事活动与国际交流的预算外，专业群"双高计划"建设划拨专项经费，用于持续扩大师生国际交流范围、保证合作办学项目运行、海外分校建设运营、外籍专家聘请等国际交流与合作工作的顺利开展。

（三）依托国际合作，引入优质教育资源

1. 引进国外智力，提升双语教师水平

专业群依托学校高层次人才引进办法，结合自身实际，采用直接引进、名誉聘用、短期合作或项目依托等多种途径，建立畅通的人才流动机制和共享平台，积极利用各种资源和渠道建立科学的引智信息系统，及时了解和掌握引智信息。有选择性地邀请外国专家、学者到学校来讲学，参加学术讨论合作研究，合作举行国际学术会议或专题研讨会，将国外最新的研究动态和成果等引入，这有助于双语教师获得学科发展的最新信息，吸收到前沿性专业知识并将最新的科学知识引入双语课程教学中来，更新和完善自身的专业知识结构，以适应双语教育不断发展的需要。

2. 组建双语教学团队，提高教学研究能力

专业群与乌克兰国立航空学院、新加坡国立大学等国外院校签署了协议，建立教师国

际合作伙伴关系，使更多的外籍教师走入学校课堂，通过他们的教学示范使师生了解外国的教育理念和教学方法。外籍教师不仅是给学生传授知识的老师，而且也是文化交流中的交际对象，是异国文化的代表。因此在组建双语教学团队时，可吸收相同或相近专业的外籍教师参与进来，代表不同文化的外籍教师的加入促进了师资结构的优化，增加了教师间的专业知识交融、文化交流的机会。通过业务学习与交流、开展国际课程合作研究等形式，吸收国外大学在教育理念、教学的形式与方法、教学管理上的宝贵经验，切实提高教师的双语教学水平。开展双语教学的教研观摩活动，举办双语教学授课竞赛或以双语教学为主题的专题研讨会，不断探索双语教学的规律，逐步提高双语教师的综合素质。双语英才培育做法及成效如图 1 所示。

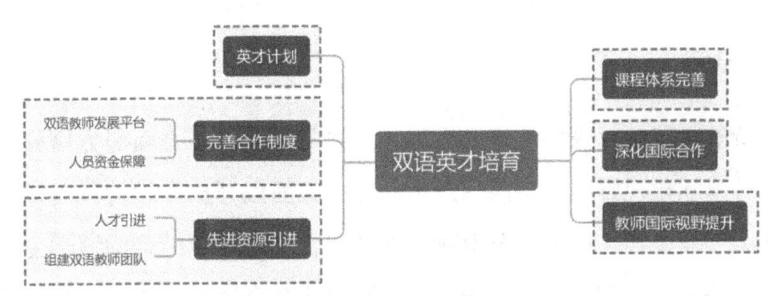

图 1　双语英才培育做法及成效

三、成果成效

（一）双语教学课程体系不断完善

飞机机电设备维修专业群不断改革创新培养模式，通过近年来对双语教师的不断培养，建设了一批如 "Rotary Wing Aircraft" "Composite Aircraft Structures" "Aircraft Hydraulic Systems" 等双语课程，制定了 "飞机维修与机务保障" "飞机维修文件及手册查询" "人为因素与航空法规" 等一系列课程的国际化课程标准，双语教学的课程体系得到不断完善。

（二）国际化合作持续深化

专业群与中航国际共同为加蓬共和国、加纳共和国提供飞机维修专业和实训室建设方案，加蓬共和国副总理亲自来校访问，对专业水平给予了高度肯定；积极向"一带一路"共建国家提供教育教学优质资源，选派 2 位教师赴非为"走出去"中资企业开展本土化人才培训，输出西航标准、唱响西航声音；先后为新加坡理工学院 126 名学生提供历时 7 周的航空发动机维修项目培训，选送 10 余名学生赴新加坡交流学习。

专业群积极引进国际先进职业教育标准，与德国纽伦堡工商会、德国 China Window 国际信息合作公司共同在学校创建了中德职业教育培训中心，开展 IHK 国际培训认证。专业群走出了合作持续深化、对接国际发展的国际化之路，学校入围"2019 亚太职业院校影响力 50 强"院校，入选第一批"智能制造领域中外人文交流人才培养基地项目"，国际影响力持续提升。

（三）教师国际视野不断提升

专业群与德国、新西兰等 10 多个国家的 20 多所学校及教育机构合作开展教师访学、学生交流、资源共享、文化交流、国际大赛等多种国际合作项目，并大力选派专业群骨干教师及管理人员到职业教育发达国家进修访学。目前教师外出进修的选拔、培养、考核机制已经形成，具备国际视野、熟悉国际规则的管理团队、教师团队已显现雏形。

四、成果总结

专业群坚持航空特色，内外兼修增强国际合作与交流，一方面努力培养骨干教师双语教学能力，提升国际化视野，通晓国际规则；另一方面以开放办学为风向标，推动国际化办学水平提升。与菲律宾、泰国等东南亚国家合作，开展长短结合的留学生教育；与发达国家联合开展中外合作办学；积极引进国外优质职业教育资源，培养具有国际视野的高素质人才；积极响应"一带一路"倡议，为共建国家开展职业技术培训，提升师资队伍国际化水平，力争做到"国际可交流"。

案例 8

产教融合建平台　育人基地新维度

摘要：在"双高计划"建设背景下，无人机应用技术专业群下设的通用航空工程技术中心在建设和发展中积极与企业合作，深度进行产教融合，从搭建平台、共建基地、重构实践教学体系三大方面入手，整合形成无人机应用技术专业群四类实训基地，主要功能涵盖基本技能、专业综合、生产实训和实践创新，共计20余个实训室。该中心开展人才培养、教师能力提升、职业培训、技术服务与生产运营，致力于培养服务于无人机制造应用产业链、航空装备制造、智能制造生产一线的高素质技术技能型人才。

关键词：产教融合；创新平台；人才培养；实践教学体系

校企合作和产教融合实质上都是职业教育的多元化发展，通过积极引导和发挥市场、社会等多元力量，通过共建、共治、共享的方式，构建职业教育发展的产教共同体，协同推动职业教育现代化发展。采取相应手段及措施进行产教融合创新服务平台建设，是当今时代我国特色化职业教育优质发展的着力点及重要突破口，不仅能很好地助力高素质技术技能型人才的培养，还能为职业教育提供重要载体，使其更好地发挥服务企业、产业以及社会的功能。

一、深化产教融合，建设协同创新平台

深化产教融合，整合多方资源，构建无人机应用协同创新平台（如图1所示）。依托校企共建的生产性实训基地，校企双方开展无人机相关领域的科学研究与技术服务，促进新技术、新业态、新模式与人才培养的同频共振。针对企业实际生产任务，实现设备、技术、人员与企业同步更新，达到教学任务与生产任务的深度融合，协助企业培育建设产教融合型企业。按照"知识获取—能力提升—素养养成"的职业能力提升要求，构建"熟手—能手—高手"的学生成长成才培养路径，解决企业人力资源短缺难题，实现"学徒—员工"零对接。

二、聚焦核心能力，共建一流实训基地

中心以中国民用航空、国际航空职业标准和专业实训教学条件建设标准为指南，围绕无人机装调、操控、作业、保障等岗位群，按照"产教融合、技术领先、智能管理"的原

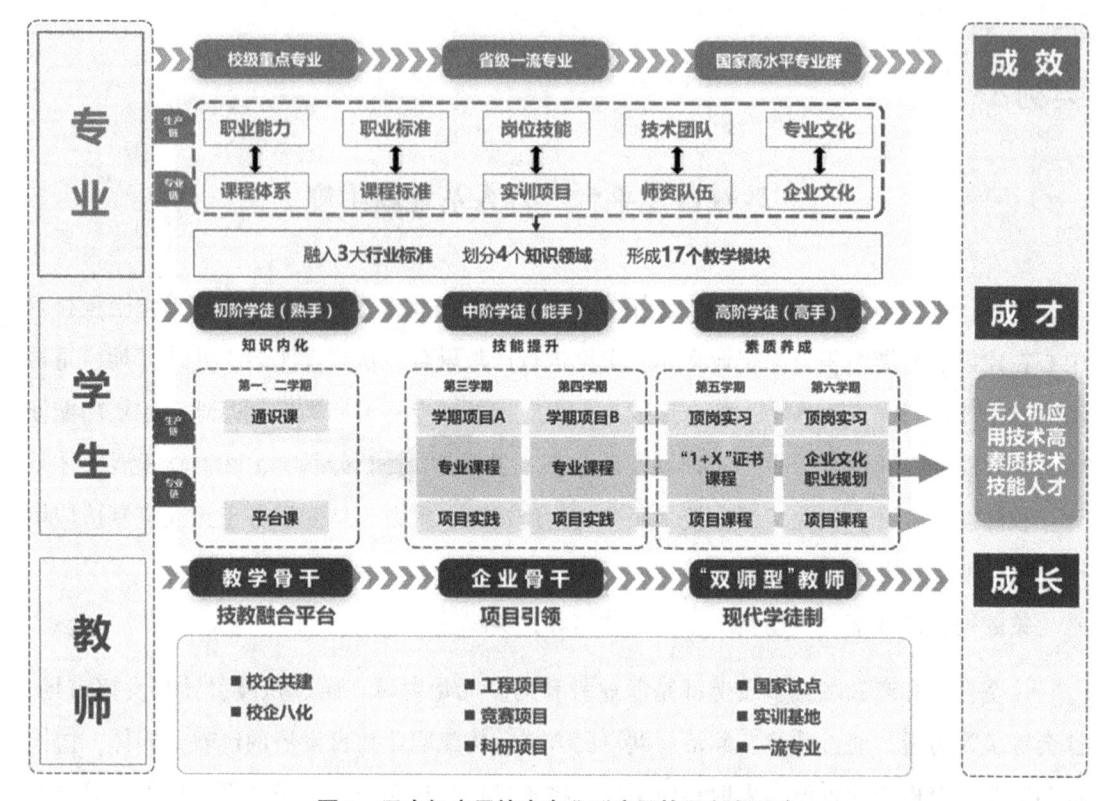

图 1　无人机应用技术专业群应用协同创新平台

则,与大疆创新、爱生技术、南方测绘等行业领先企业共同建设。以培养高端技能型人才为目标,完善实训基地的体制机制建设、企业文化和内涵建设、教学组织和运行管理制度建设等,实现校企互利共赢。通过实训室的建设与运行,实现课堂与实训室、实习车间、生产车间相互融合的一体化教学,提高教学质量。定期邀请行业企业专家开展指导、交流等活动。发展、培育创新团队及项目,定期选拔新鲜血液加入团队,有效实现基地人员、项目的可持续发展。

三、对接产业需求,构建实践教学体系

中心坚持实训基地建设与实训资源开发同步的原则,积极开发对应岗位技能要求,融入职业标准的综合实训资源,构建"通用技能训练—专项技能训练—综合能力训练"的专业群实践教学体系。中心依托产教融合新高度、校企合作新广度,发挥校企育人主体双作用,建立四大类型一体化实训基地,有力支撑专业人才培养(如图2所示)。与大疆创新、西工大365所、中煤航测遥感集团等行业领军企业共同申报"1+X"技能鉴定站点,共同开发岗位职业标准与考核标准,建立题库与培训教材等资源,共同开展无人机关键岗位的职业技能鉴定1 300人次。

图 2　通用航空工程技术中心功能示意图

四、互利共赢，多项成果显身手

（一）产教融合服务平台社会服务效益好

中心建成国内一流、技术领先，集人才培养、社会培训、技术服务、技能竞赛、科技创新于一体的无人机应用协同创新平台，促进企业技术革新、产业转型升级。开展社会服务项目 10 项以上，横向课题到款额达 240 万元，培训量达 20 000 人·日，社会服务产值 1 500 万元。

（二）岗课赛证融通人才培养体系落地生根

基于"岗课赛证融通"的理念，优化无人机专业群人才培养方案，加快培育复合型技术技能人才（如图 3 所示）。工程技术中心大力发挥实验实训室设备功能，积极支持专业开展"1+X"证书试点工作。中心组织教师积极参与大疆创新的"无人机操作应用"和中国航空工业集团有限公司的"无人机组装与调试"职业技能等级标准的制定，与大疆创新联合编写"无人机操作应用""1+X"系列教材，其中主编中级"无人机操作应用""1+X"系列教材，参编初级和高级"无人机操作应用""1+X"系列教材。

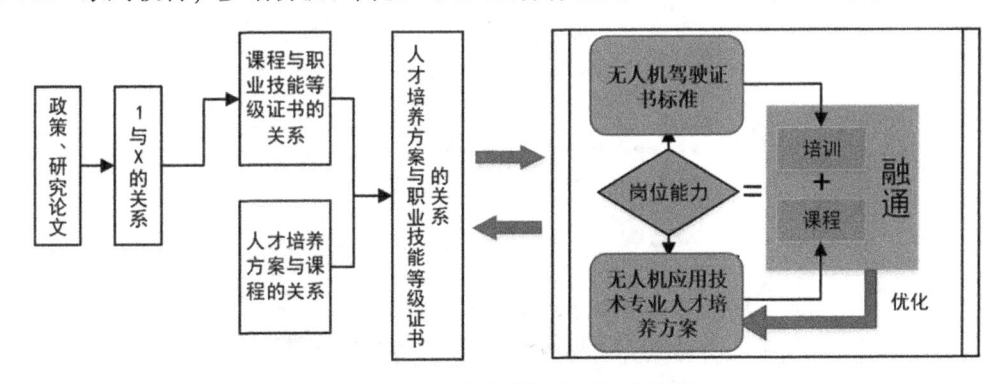

图 3　无人机专业课证融通技术路线

（三）专业群成果多点开花，中心资源有效发挥

在中心不断努力和相关企业的支持下，无人机专业成为"中国特色高水平院校无人机应用技术专业群重点建设专业"，被教育部认定为"国家级校企共建无人机生产性实训基地"，承担陕西省职业教育"1+X"专项课题任务。校企互聘人员62人，成立10个订单班，2个现代学徒制班。荣获航空行指委教学成果奖一等奖、三等奖各1项。截至2022年，中心教师承担和参与国家级课题1项、省级课题13项、校级课题19项。

（四）技能大赛引领专业发展，彰显发挥育人主体功能

中心通过校企双元协同育人，学生技能水平和社会服务能力显著提高。近年来，中心承办省级职业院校技能大赛2次，教师指导学生在全国、省、行业技术技能大赛中获奖27项，其中全国职业院校技能大赛高职组现代电气控制系统安装与调试比赛一等奖1项（如图4所示）、无人机应用创新技能大赛二等奖1项、三等奖1项，中国国际"互联网+"大学生创新创业大赛银奖1项（如图5所示）、省级奖项6项，学生20余次到中小学进行无人机表演和航空文化传播。

图4　全国职业院校技能大赛高职组现代电气控制系统安装与调试比赛一等奖

图5　中国国际"互联网+"大学生创新创业大赛银奖

五、经验总结与推广应用

(一) 建立校企合作新平台,形成中心管理机制

利用产教融合共享平台,工程中心和企业职工优势互补,分别向对方学习新技术、新经验、新知识、新理论,互利共赢。同时中心引进企业中既懂理论教学又精通实践教学的能工巧匠加入"双师型"队伍,实现双促双融;制定相关责任管理制度,有效提高任务落实,加强校企联手项目落地实施,为"生校企"提供大展身手的广阔空间。

(二) 创新人才培养模式,辐射引领作用显著

2019年航空行指委无人机应用技术专指委工作会议上,学校向50多所院校和10余家企业分享无人机应用技术专业建设经验;2020年在中国职业技术教育学会举办的"专业群·专业·课程"发表公开报告;2021年开办国培项目——无人机应用技术专业带头人领军能力研修项目,先后有20多所中高职院校来校参观学习。通过中心整合校内实训实验设备资源与企业深度合作,共同发展,实力、影响力显著增强。